全国中等职业学校数控加工类专业理实一体化教材
全国技工院校数控加工类专业理实一体化教材（中级技能层级）

数控铣床加工中心加工技术

（第二版）

（学生指导用书）

孙春花◎主编

中国劳动社会保障出版社

简介

本书的主要内容包括：数控铣床 / 加工中心的基础保养和基本操作、数控铣削加工的计算机仿真、铣削平面类零件、铣削轮廓类零件、孔加工、数控铣床 / 加工中心编程技巧、宏程序编程、高级技能鉴定典型案例等。

本书由孙春花任主编，茅健任副主编，谢尧、朱敏、沈建峰参加编写，刘娜任主审。

图书在版编目（CIP）数据

数控铣床加工中心加工技术（第二版）学生指导用书/孙春花主编 . -- 北京：中国劳动社会保障出版社，2024. --（全国中等职业学校数控加工类专业理实一体化教材）（全国技工院校数控加工类专业理实一体化教材：中级技能层级）. -- ISBN 978-7-5167-5925-7

Ⅰ. TG547

中国国家版本馆 CIP 数据核字第 2024AB5742 号

中国劳动社会保障出版社出版发行

（北京市惠新东街 1 号　邮政编码：100029）

*

保定市中画美凯印刷有限公司印刷装订　　新华书店经销

787 毫米 ×1092 毫米　16 开本　21.25 印张　402 千字

2024 年 6 月第 1 版　　2024 年 6 月第 1 次印刷

定价：42.00 元

营销中心电话：400-606-6496

出版社网址：http://www.class.com.cn

http://jg.class.com.cn

前　言

为了更好地适应全国技工院校数控加工类专业的教学要求，全面提升教学质量，人力资源社会保障部教材办公室组织全国有关学校的骨干教师和行业、企业专家，在充分调研企业生产和学校教学情况，广泛听取教师对教材使用反馈意见的基础上，对全国技工院校数控加工类专业理实一体化教材（中级技能层级）进行了修订。

本次教材修订工作的重点主要体现在以下几个方面：

第一，更新教材内容，体现时代发展。

根据数控加工类专业毕业生所从事岗位的实际需要和教学实际情况的变化，合理确定学生应具备的能力与知识结构，对部分教材内容及其深度、难度做了适当调整。

第二，反映技术发展，涵盖职业技能标准。

根据相关职业和专业领域的最新发展，在教材中充实新知识、新技术、新设备、新工艺等方面的内容，体现教材的先进性。教材编写以国家职业技能标准为依据，内容涵盖钳工、车工、铣工、电切削工等国家职业技能标准的知识和技能要求。

第三，精心设计形式，激发学习兴趣。

在教材内容的呈现形式上，尽可能利用图片、实物照片和表格等形式将知识点生动地展示出来，力求让学生更直观地理解和掌握所学内容。针对不同的知识点，设计了许多贴近实际的互动栏目，以激发学生的学习兴趣，使教材“易教易学，易懂易用”。

第四，开发配套资源，提供教学服务。

本套教材配有学生指导用书和方便教师上课使用的多媒体电子课件，可以通过技工教育网（http://jg.class.com.cn）下载。另外，在部分教材中使用了二维码技术，针对教材中的教学重点和难点制作了动画、视频、微课等多媒体资源，学生使用移动终端扫描二维码即可在线观看相应内容。

第五，升级印刷工艺，提升阅读体验。

部分教材将传统黑白印刷升级为四色印刷，提升学生的阅读体验，使教材中的插图、表格等内容更加清晰、明了，更符合学生的认知习惯。

本次教材的修订工作得到了江苏、山东等省人力资源和社会保障厅及有关学校的大力支持，在此我们表示诚挚的谢意。

人力资源社会保障部教材办公室

2023 年 12 月

目　录

项目一
数控铣床/加工中心的基础保养和基本操作

任务❶ 数控铣床/加工中心基础保养

任务描述

企业新入职了一批数控铣床/加工中心操作工，为使其尽快熟悉工作环境，请你带领这批员工进行现场参观，了解数控铣床/加工中心的加工对象、数控加工设备的型号及参数，掌握数控铣床/加工中心的主要技术参数，并对数控加工设备进行简单的保养。

学习活动❶ 认识数控铣床/加工中心

一、普通机床的切削运动

1. 普通机床可以实现哪些运动（以普通铣床或者普通车床为例）？

2. 如何操作普通机床使其实现以上运动（以普通铣床或者普通车床为例）？

二、数控机床的切削运动

1. 数控机床可以实现哪些运动（以立式数控铣床为例）？

2. 如何操作数控机床使其实现以上运动（以立式数控铣床为例）？

三、数控机床的精准运动

1. 立式数控铣床一般有几个电动机？其各自给机床哪个运动部件提供动力？

2. 立式数控铣床电动机与普通机床电动机的区别是什么？

3. 简述三轴联动功能。

4. 机床要实现精准运动，一般有哪些要求？

四、数控机床加工零件

1. 简述普通机床加工零件的一般过程。

2. 绘制数控机床的基本组成框图，简述数控机床加工零件的一般过程。

五、加工中心机床结构

1. 简述机床本体的组成。

2. 简述数控装置组成部分及其工作过程。

3. 简述刀库和换刀装置功能。

4. 简述五大辅助装置名称及其功能。

六、数控铣床 / 加工中心加工零件的类别

简述适合在数控铣床 / 加工中心上加工零件的类别。

学习活动❷ 参观数控车间

一、进入车间并做好安全防护工作

根据车间着装管理规定，进行着装自检，并填写表 1-1。

表 1-1 着装自检表

序号	着装要求	自检结果
1	进入车间必须穿工作服和工作鞋，戴工作帽	
2	拉链拉至领口处，上、下纽扣均应扣好	
3	衣领外翻平整，不能立领	
4	口袋上盖平整、扣好，口袋内不放置笔、工作证以外的物品	
5	手臂侧兜内不放置笔以外的物品	
6	袖口和下摆两侧纽扣均应扣好	
7	不着裙装，不穿短裤	
8	不可在脖间佩戴挂牌、项链等物件	
9	工作鞋穿着正确，不穿拖鞋、凉鞋和高跟鞋	
10	若留长发，需束起并戴工作帽	

二、明确车间安全生产规程

简述车间安全生产规程。

三、观察数控车间

1. 观察车间安全文明生产规范宣传形式及内容，严格遵守车间安全文明生产规范。

2. 观察加工零件的特点。

3. 观察机床外形特点。

4. 观察刀具、加工辅具、测量器具。

四、观察操作工

1. 观察操作工的安全防护措施。

2. 观察操作工的工作内容。

3. 观察操作工的工作态度。

五、记录数控铣床 / 加工中心主要技术参数

通过查阅资料和在参观数控机床时与车间负责人交流，了解所参观数控铣床 / 加工中心的主要技术参数，填写表 1-2。

表 1-2　数控铣床 / 加工中心的主要技术参数

项目	主要技术参数	项目	主要技术参数
机床型号		刀库类型	
数控系统		刀库中刀具数量	
床身结构		工作台面规格	
机床总功率		工作行程	

六、参观总结

小组讨论后撰写参观总结。

学习活动❸ 数控机床的保养与外观检查

一、数控机床的保养与外观检查内容

1. 说明数控机床的保养内容及标准。

2. 明确数控机床外观检查的内容并记录。

（1）电气柜柜门是否锁紧 □是 □否

（2）润滑油的高度是否符合要求 □是 □否

（3）气枪是否通气顺畅 □是 □否

（4）切削液高度是否合适 □是 □否

3. 写出数控机床设备使用的润滑油牌号。

4. 明确数控机床基础保养所需的工具名称、存放位置及使用规范。

二、保养机床、清理场地

1. 查阅资料，写出 6S 管理的目标。

2. 结合实际情况，简述如何按照 6S 管理的要求保养机床、清理场地。

学习活动❹ 数控铣床 / 加工中心基础保养任务评价

一、任务评价

按表 1-3 进行自检，将检测结果填入检测记录栏，并根据评分标准给出得分。

表 1-3 任务评价表

零件编号			总得分			
项目与权重	序号	技术要求	配分	评分标准	检测记录	得分
任务评分（40%）	1	能识别各类数控铣床 / 加工中心的型号	20	每处错误扣 5 分		
	2	掌握数控铣床 / 加工中心的主要技术参数	20	每处错误扣 5 分		
程序与加工工艺	3	暂无				
机床操作	4	暂无				
安全文明生产（60%）	5	工作场所整理合格	40	不合格不得分		
	6	遵守安全生产规程	10	每处错误扣 5 分		
	7	机床外观检查正确	10	每处错误扣 5 分		

二、任务完成过程分析

对不合格项目进行分析，找出产生原因，提出改进意见，完成表 1-4 的填写。

表 1-4 任务完成过程分析

序号	不合格项目	产生原因	改进意见

三、工作总结

通过参观学习和查阅资料，谈谈对数控铣床 / 加工中心的认识。

____

____

____

____

____

____

____

____

____

____

____

____

____

____

____

____

____

巩固与提高

一、填空题（将正确答案填写在横线上）

1. 数控铣床根据其主轴的位置与方向分，可分成________数控铣床和________数控铣床两类。

2. 字母“______”表示计算机辅助设计，字母“______”表示计算机数字控制，即通常所说的“数控”。

3. 用于完成________或________加工的数控机床称为数控铣床，而通常所指的加工中心是指带有________和________的数控铣床。

4. 数控铣床主要由机床本体和数控系统两大部分组成。数控系统由________、数控装置和________三部分组成。

二、判断题（正确的打“√”，错误的打“×”）

1. 立式数控铣床主轴轴线平行于水平面，一般采用平口钳或压板等夹具装夹工件。（　　）

2. 通常情况下，将以车削加工为主并辅以铣削加工的数控车削中心归类为数控车床。（ ）

3. 所有带有换刀装置的数控机床统称为加工中心。（ ）

4. 数控钻床是一种采用点位控制系统的数控机床，即控制刀具从一点到另一点的位置，而不控制刀具运行轨迹。（ ）

5. 只要不操作机床，进入车间或实习车间可不穿戴工作服、工作帽等。（ ）

三、选择题（将正确答案的代号填入括号内）

1. 下列装置中，不属于数控系统装置的是（ ）。

A. 刀具交换装置　　B. 输入 / 输出装置

C. 数控装置　　D. 伺服驱动装置

2. 世界上第一台数控机床是（ ）年研制出来的。

A. 1945　　B. 1948　　C. 1952　　D. 1958

3. 按照机床运动的控制轨迹分类，数控铣床属于（ ）。

A. 点位控制　　B. 直线控制

C. 轮廓控制　　D. 远程控制

4. CIMS 表示（ ）。

A. 柔性制造单元　　B. 柔性制造系统

C. 计算机集成制造系统　　D. 计算机辅助工艺规程设计

四、简答题

在图 1-1 中标出加工中心的各组成部件。

图 1-1　加工中心

任务❷　数控铣床 / 加工中心基本操作

任务描述

企业新入职了一批数控铣床 / 加工中心操作工，为使其尽快适应工作岗位，请你带领这批员工熟悉数控铣床 / 加工中心操作面板（见图 1-2）上各功能按钮的含义与用途，熟悉数控机床安全操作规程，掌握数控铣床 / 加工中心的开、关机操作。

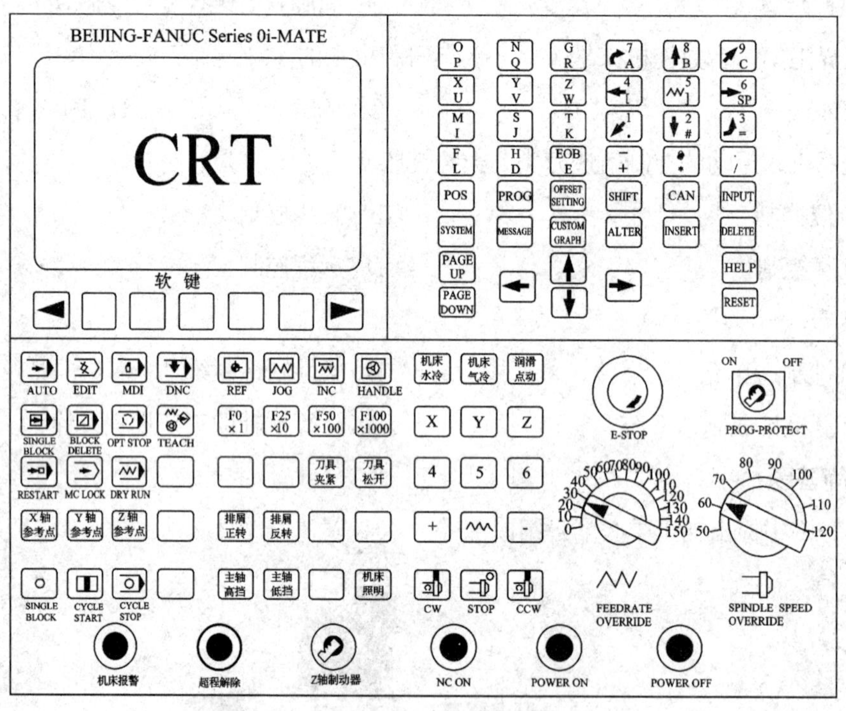

图 1-2　数控铣床 / 加工中心操作面板（FANUC 0i 系统）

学习活动❶　认识数控铣床 / 加工中心

一、数控铣床 / 加工中心操作面板

1. 在图 1-2 中划分出机床操作面板控制按钮、数控系统 MDI 功能键、CRT 显示器下的软键三大功能区域，并用文字标注。

2. 掌握机床操作面板控制按钮的名称及功能，完成表 1-5 的填写。

表 1-5　控制按钮的名称及功能

名称	控制按钮图标	功能
机床总电源开关		
系统电源开关		
超程解除按钮		
急停按钮		
程序保护开关		
加工控制按钮		
增量步长选择按钮		
主轴功能按钮		

3. 掌握数控系统 MDI 功能键的名称及功能，完成表 1-6 的填写。

表 1-6　MDI 功能键的名称及功能

名称	功能键图标	功能
位置显示		
程序显示		
偏置设定		
报警信号键		
图形显示		
参数输入键		
帮助键		
复位键		

二、常用数控系统

1. 列出四种常用的数控系统。

2. 说明本任务所使用的数控系统类型。

三、数控机床安全操作规程

1. 简述机床操作前的安全操作规程。

2. 简述机床操作过程中的安全操作规程。

3. 简述与编程相关的安全操作规程。

学习活动❷ 数控铣床 / 加工中心的基本操作

一、检查机床

1. 写出所操作数控铣床 / 加工中心的型号。

2. 说明机床开机前的检查内容。

3. 记录机床开机前检查发现的问题。

二、机床开机操作

简述开机操作步骤并开机。

三、机床关机操作

简述关机操作步骤并关机。

四、案例分析

分析下面两个案例，经小组讨论后写出不规范操作可能导致的后果及正确的操作步骤。

案例一：在数控机床的实习操作中，某同学不规范关机，即在机床操作练习完毕后，不关闭操作面板电源，而是直接关闭机床电气柜电源开关。

案例二：在数控机床的实习操作中，某同学不规范关机，即在机床操作练习完毕后，未按下急停按钮，而是直接关闭机床电气柜电源开关。

五、保养机床、清理场地

按照 6S 管理的要求保养机床、清理场地。

学习活动❸ 数控铣床 / 加工中心基本操作任务评价

一、任务评价

按表 1-7 进行自检，将检测结果填入检测记录栏，并根据评分标准给出得分。

表 1-7 任务评价表

零件编号			总得分			
项目与权重	序号	技术要求	配分	评分标准	检测记录	得分
任务评分（60%）	1	开、关机床操作规范	20	操作不规范不得分		
	2	正确识别机床按钮	20	每处错误扣 5 分		
	3	正确说明机床按钮功能	20	每处错误扣 5 分		
程序与加工工艺	4	暂无				
机床操作	5	暂无				
安全文明生产（40%）	6	工作场所整理合格	20	不合格不得分		
	7	遵守安全生产规程	20	每处错误扣 5 分		

二、任务完成过程分析

对不合格项目进行分析，找出产生原因，提出改进意见，完成表 1-8 的填写。

表 1-8 任务完成过程分析

序号	不合格项目	产生原因	改进意见

三、工作总结

通过参观学习和查阅资料，谈谈对数控机床安全操作规程的认识。

____

____

____

____

____

____

____

____

____

____

____

____

____

____

____

____

____

巩固与提高

一、填空题（将正确答案填写在横线上）

1. ____________按钮用于程序编辑过程中程序字的插入，而____________按钮用于参数或补偿值的输入。

2. 解释按钮的含义：EDIT 表示____________，HANDLE 表示____________，____________表示在线加工。

3. 通常情况下，手摇脉冲发生器顺时针转动方向为刀具进给的____方向，逆时针转动方向为刀具进给的____方向。

4. 写出本地区四个常用数控系统：__________、__________、__________、__________。

5. 用于显示刀具坐标位置的功能键是____________，用于设定并显示刀具补偿值、工件坐标系、宏程序变量的功能键是____________。

二、判断题（正确的打“√”，错误的打“×”）

1. 当出现紧急情况而按下急停按钮时，在显示器上出现“EMG”字样，机床报警指示灯亮。 （ ）

2. 在自动加工的空运行状态下，刀具的移动速度与指令中的进给速度无关。 （ ）

3. 按下机床急停按钮后，除能进行手轮操作外，其余的所有操作都将停止。 （ ）

4. 当程序保护开关处于“ON”位置时，即使在“EDIT”状态下也不能对数控程序进行编辑操作。 （ ）

5. 在任何情况下，程序段前加“/”符号的程序段都将被跳过执行。 （ ）

三、选择题（将正确答案的代号填入括号内）

1. 用符号“CCW”标注的按钮是用于控制（ ）的按钮。

A. 主轴正转　　B. 主轴反转

C. 主轴停转　　D. 刀架转位

2. 按钮“F0”“F25”“F50”和“F100”用于控制数控机床的（ ）倍率。

A. 快速进给　　B. 手摇进给

C. 增量进给　　D. 手动进给

3. 以下数控系统中，我国自行研制开发的系统是（ ）。

A. 发那科　　B. 海德汉　　C. 三菱　　D. 华中数控

4. 下列按钮中，用于机床空运行的按钮是（ ）。

A. SINGLE BLOCK　　B. MC LOCK

C. OPT STOP　　D. DRY RUN

5. 在机床循环启动状态下，按下（ ）按钮，程序运行及刀具运动将处于暂停状态，其他功能如主轴转速、冷却等保持不变。

A. CYCLE STOP　　B. RESET

C. REF　　D. CW

四、简答题

1. 列出目前常用的数控系统及其型号。

2. 简述机床操作面板上各按钮的功能。

任务❸　垫铁零件手动加工

任务描述

车间现接到某企业垫铁零件的加工订单，订单数量为 20 件，零件图如图 1-3 所示。毛坯尺寸为 100 mm × 80 mm × 33 mm，毛坯材料为 2A04 铝合金。试在数控铣床上采用手动切削方式加工。

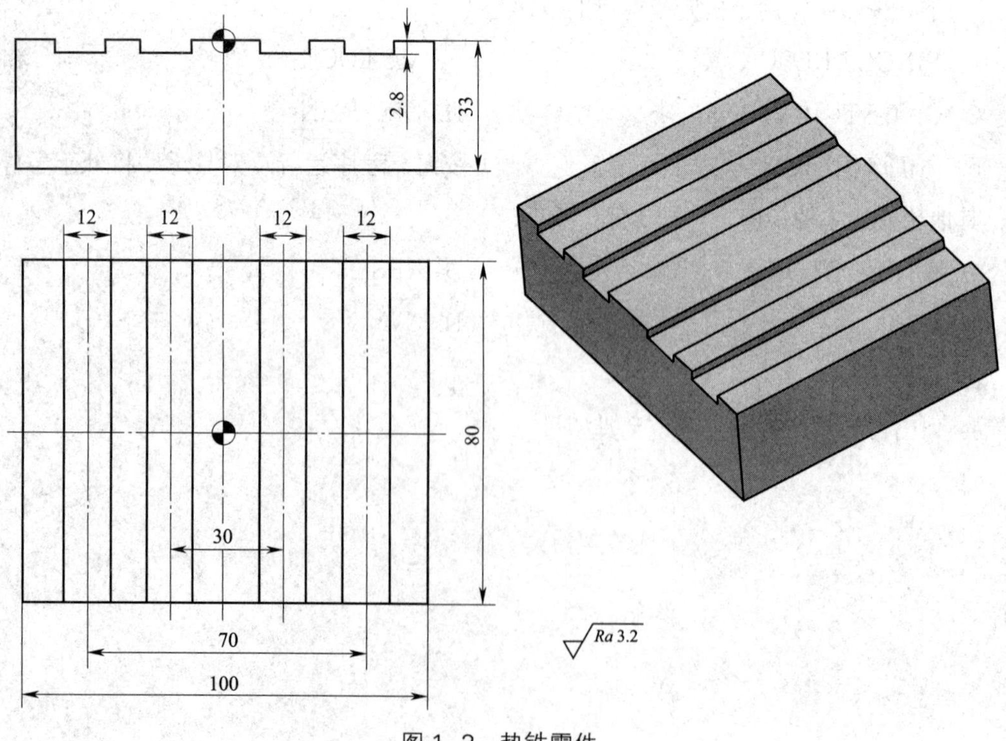

图 1-3　垫铁零件

学习活动❶ 垫铁零件的工艺分析与加工路线设计

一、分析零件图，明确加工要求

1. 分析工作任务，写出本任务要加工的毛坯材料、毛坯尺寸和零件数量。

2. 分析零件图，明确加工内容（表面）及加工要求，完成表 1-9 的填写，为制定加工工艺做准备。

表 1-9 垫铁零件的加工内容（表面）及加工要求

序号	加工内容（表面）	加工要求

3. 查阅资料，写出图 1-3 中所有尺寸的极限偏差数值。

二、制定零件加工工艺

1. 选择加工方法

根据加工要求，垫铁上的凹槽表面用 ϕ12 mm 的高速钢立铣刀进行铣削加工。

2. 选择夹紧方案及夹具

根据垫铁零件的结构特点选择夹紧方案及夹具。

3. 确定加工顺序

根据垫铁零件的加工要求和结构特点，在图 1-4 中标出各表面的加工顺序（用 1、2、3、4 等表示），并说明原因。

4. 设计手动加工路线

在图 1-4 中绘制垫铁零件的手动加工路线，并标出刀具进给方向（参考图 1-5 中的加工路线）。

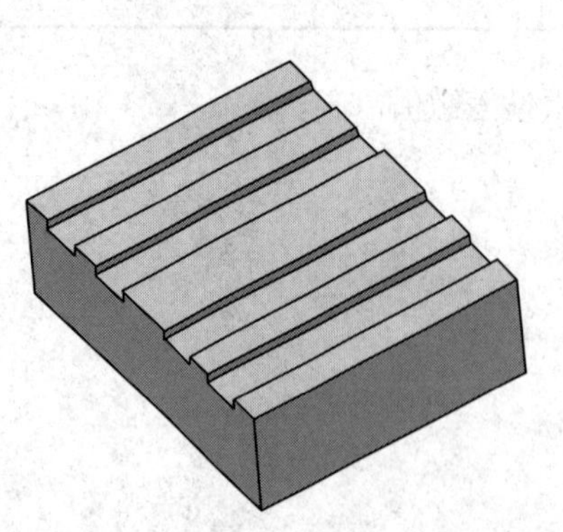

图 1-4　各表面的加工顺序和手动加工路线

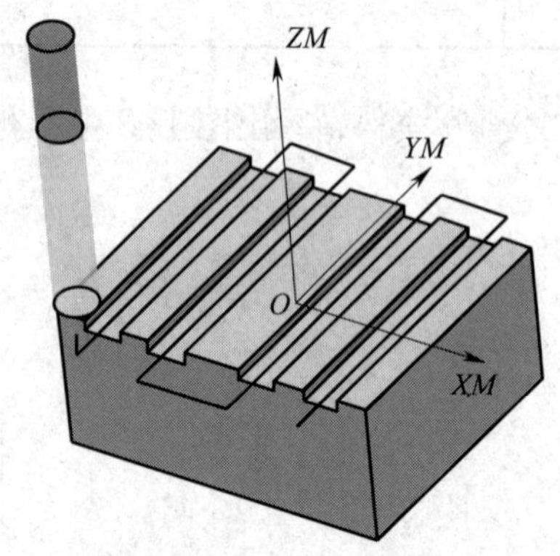

图 1-5　加工路线

5. 确定切削用量

切削用量的合理确定非常重要，其具体数值应根据机床说明书、切削用量手册并结合经验而定。本任务切削用量数值参考表 1-10 中提供的参数。

6. 填写加工工艺卡

完成垫铁零件加工工艺卡（表 1-10）的填写。

表 1-10　垫铁零件加工工艺卡

单位名称		产品名称或代号		零件名称		零件图号
程序编号		夹具名称		使用设备		车间
工序号	工序内容	刀具号	刀具规格	主轴转速 /（r/min）	进给速度 /（mm/min）	铣削深度 /mm
1	凹槽铣削（手动）	1	ϕ12 mm 立铣刀	500	30	2.8
编制		审核		批准		共__页 第__页

三、确定手动切削轨迹坐标点

1. 机床坐标系与工件坐标系

（1）根据工件坐标系的确定原则，在图 1-6 上绘制本任务加工工件的工件坐标系。

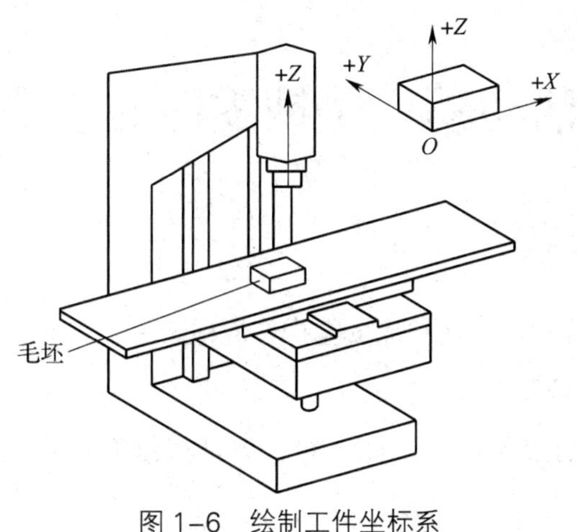

图 1-6　绘制工件坐标系

（2）简述工件坐标系（坐标轴、坐标原点）与机床坐标系的关系。

2. 确定垫铁零件手动切削轨迹坐标点

（1）在图 1-7 中，绘制工件坐标系 *X*、*Y*、*Z* 坐标轴。

（2）在图 1-7 中，绘制 *XY* 平面切削轨迹，依次标出坐标点及其相应坐标值。

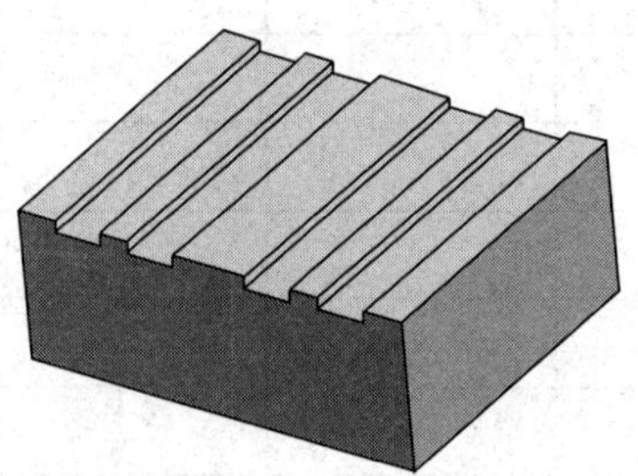

图 1-7　确定切削轨迹坐标点

学习活动❷　垫铁零件的手动加工

一、加工准备

1. 熟悉工作环境

明确机床位置及其型号，熟悉机床安全操作规程。

2. 工、量、刃具准备

根据垫铁零件的加工需要，填写工、量、刃具清单（表 1-11），并领取工、量、刃具。

表 1-11　工、量、刃具清单

序号	名称	规格	数量	备注

3. 领取毛坯

领取毛坯并测量毛坯尺寸，判断毛坯是否有足够的加工余量。

二、加工零件

1. 开机

（1）开机前检查

简述开机前的常规检查内容。

（2）规范启动机床。

（3）机床回参考点

描述机床回参考点操作步骤，并按操作步骤进行机床回参考点操作。

（4）机床回位（机床运动部件回到中间位置）

某些机床参考点设置为机床零位（零点设置在三根轴的极限位置）。机床各坐标轴回参考点后，如何操作让机床主轴、工作台回到中间位置？

（5）启动主轴预热

启动主轴进行低速预热，主轴转速为 100 r/min。写出启动主轴的操作步骤及预热时间要求。

2. 装夹毛坯

（1）平口钳安装有什么要求？按要求完成平口钳的安装。

（2）装夹毛坯有什么要求？按要求完成毛坯的装夹。

3. 安装刀具

正确安装立铣刀并说明安装步骤，确保刀具牢固可靠。

4. 对刀及参数设置

（1）对刀的目的是什么？

（2）说明加工垫铁零件时的对刀方法。

（3）加工垫铁零件时，对刀不准确会带来什么后果？

（4）简述从机床初始状态进入对刀参数设置页面的操作步骤。

5. 手动完成垫铁零件的加工。

三、保养机床、清理场地

按照 6S 管理的要求保养机床、清理场地。

学习活动❸　垫铁零件的加工质量检测与分析

一、明确检测要素，领取检测量具

1. 垫铁零件有哪些关键尺寸需要检测？说明原因及检测方法。

2. 简述零件表面粗糙度的检测方法。

3. 根据垫铁零件的检测要素，领取量具并说明检测内容，填入表 1-12 中。

表 1-12　量具及检测内容

序号	量具名称及规格	检测内容

二、加工质量检测

按表 1-13 所列项目和技术要求检测加工零件，将检测结果填入检测记录栏，并根据评分标准给出得分。

表 1-13　加工质量检测

零件编号			总得分			
项目与权重	序号	技术要求	配分	评分标准	检测记录	得分
任务评分（30%）	1	2.8 mm	4	超差不得分		
	2	30 mm	4	超差不得分		
	3	70 mm	4	超差不得分		
	4	12 mm	4	超差不得分		
	5	$Ra3.2\ \mu m$	4	降级不得分		
	6	无过切现象	5	每处过切扣 1 分		
	7	分层切削轮廓一致	5	不一致不得分		
程序与加工工艺（10%）	8	坐标点计算正确	5	每处错误扣 1 分		
	9	加工工艺合理	5	每处不合理扣 1 分		

续表

零件编号			总得分			
项目与权重	序号	技术要求	配分	评分标准	检测记录	得分
机床操作（40%）	10	对刀操作正确	10	每处错误扣 5 分		
	11	坐标系设定正确	5	不正确不得分		
	12	进给参数设定合理	5	每处不合理扣 1 分		
	13	进给方向正确	10	每处错误扣 5 分		
	14	机床操作正确	10	每处错误扣 2 分		
安全文明生产（20%）	15	遵守安全生产规程	10	每处错误扣 5 分		
	16	机床维护与保养正确	5	每处错误扣 1 分		
	17	工作场所整理合格	5	不合格不得分		

三、加工质量分析

分析不合格项目的产生原因，提出改进意见，填写表 1-14。

表 1-14　加工质量分析

序号	不合格项目	产生原因	改进意见

四、量具保养与归还

对所用量具进行规范保养并归还。

五、工作总结

1. 通过垫铁零件的手动加工，你学到哪些知识与技能？试从工艺制定方面、加工操作方面、质量检测方面等进行阐述。

2. 试分析和总结在本任务完成过程中获得的经验和存在的不足。

____
____
____
____
____
____
____
____

巩固与提高

一、填空题（将正确答案填写在横线上）

1. 在手动方式下将手轮倍率开关置于“×100”位置，手轮旋转 360°，刀具移动的距离为______mm。

2. 在右手笛卡儿坐标系中，拇指指向___轴的正方向，食指指向___轴的正方向，中指指向___轴的正方向。

3. 在机床坐标系中，平行于______的方向为 Z 轴方向，而___轴的方向一般为水平方向，同时规定刀具______工件的方向为正方向。

4. 数控机床显示机床位置的画面中有三个坐标系：即____________、____________和相对坐标系。

5. 对于工件运动而刀具不动的机床，在确定机床坐标系的方向时规定：____。

6. 机床回参考点的目的是建立__________。这种针对某一工件并根据零件图建立的坐标系称为____________（也称为编程坐标系）。

7. 手动模式选择按钮为____________，手摇模式选择按钮为____________，而回参考点模式选择按钮为____________。

8. 找出工件坐标系在机床坐标系中位置的过程称为____________。

二、判断题（正确的打“√”，错误的打“×”）

1. 数控机床上的机床参考点与机床坐标系零点在进给轴方向上的距离可以在机床出厂时设定。（　　）

2. 数控机床的坐标系采用符合左手定则的笛卡儿坐标系。（　　）

3. 数控机床的机床原点与机床参考点必定重合。（　　）

4. 机床报警指示灯变亮后，通常情况下通过关闭机床操作面板上的报警指示灯按钮来

熄灭该指示灯。 ( )

5. 手动返回参考点时，返回点不能离参考点太近，否则会出现机床超程报警。( )

6. 进给速度可通过进给速度倍率旋钮进行调节，调节范围为 0%～150%。 ( )

三、选择题（将正确答案的代号填入括号内）

1. 手动返回参考点操作应在（ ）方式下进行。

A. MDI B. REF C. JOG D. NC ON

2. 限位开关的作用是（ ）。

A. 线路开关 B. 过载保护

C. 欠压保护 D. 位移控制

3. 数控机床的 *B* 轴是指绕（ ）轴旋转的轴。

A. *X* B. *Y* C. *Z* D. 主

4. 数控机床坐标系各坐标轴确定的顺序依次为（ ）。

A. *X*、*Y*、*Z* B. *X*、*Z*、*Y* C. *Z*、*X*、*Y* D. *Z*、*Y*、*X*

5. 机床没有返回参考点，如果按下快速进给，通常会出现（ ）情况。

A. 不进给 B. 快速进给

C. 手动连续进给 D. 机床报警

6. 对于大多数数控机床，开机第一步总是先使机床返回参考点，其目的是建立（ ）。

A. 工件坐标系 B. 机床坐标系

C. 编程坐标系 D. 工件基准

7. 为了保障人身安全，在正常情况下，电气设备的安全电压规定为（ ）V。

A. 42 B. 24 C. 12 D. 36

8. 当机床显示器上出现“SERVOI DRIVE OVERHEAT”报警时，报警原因是（ ）。

A. 冷却液液位低 B. 伺服系统没有准备就绪

C. 伺服系统过热 D. 刀具夹紧状态不正常

9. 对于数控机床的 *Z* 坐标轴，下列描述正确的是（ ）。

A. *Z* 坐标轴平行于主要主轴轴线

B. 一般是水平的，并与工件装夹面平行

C. 按右手笛卡儿坐标系，任何坐标轴可以定义为 *Z* 坐标轴

D. *Z* 坐标轴的负方向是远离工件的方向

10. 在增量进给方式下向 *X* 轴正向移动 0.1 mm，增量步长选“×10”，则要按下“+”方向选择按钮（ ）次。

A. 1　　B. 10　　C. 100　　D. 1 000

四、简答题

若机床出现超程报警，如何使机床恢复正常工作?

任务❹　垫铁零件自动加工

任务描述

车间现接到某企业垫铁零件的加工订单，订单数量为 20 件，零件图如图 1-3 所示，毛坯尺寸为 100 mm × 80 mm × 33 mm。拟采用数控铣床加工，工艺人员已编写了如下加工程序，由于程序较为简单，故采用手动输入方式输入数控装置，并通过程序校验来验证所输入程序的正确性。

```
O0010;
G90 G94 G40 G17 G21 G54;
G91 G28 Z0;
M03 S600 M08;
G90 G00 X-35.0 Y-50.0;
          Z20.0;
G01 Z-2.8 F100;
     Y50.0;
     X-15.0;
     Y-50.0;
```

```
    X15.0;
    Y50.0;
    X35.0;
    Y-50.0;
G00 Z50.0 M09;
M30;
```

学习活动❶ 初识垫铁零件的加工程序

一、分析零件图，明确加工要求

零件图和加工要求与本项目任务 3 一致。

二、明确零件加工工艺

1. 选择加工方法

根据加工要求，垫铁上的凹槽用 ϕ12 mm 高速钢立铣刀进行铣削加工。

2. 明确垫铁零件自动加工路线

图 1-8 所示为垫铁零件的自动加工路线，其凹槽加工顺序是“从左往右”还是“从右往左”？

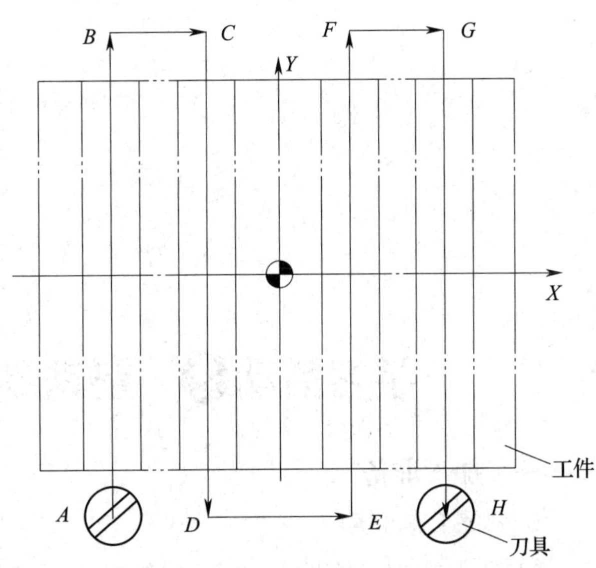

图 1-8　垫铁零件的自动加工路线

三、初识程序

1. 明确编程坐标系原点（工件坐标系原点）位置

编程坐标系原点位于工件对称中心上表面处。

2. 明确加工路线上各基点（拐角点）坐标值

各基点坐标值如下：

A（-35.0，-50.0）　*B*（-35.0，50.0）　*C*（-15.0，50.0）

D（-15.0，-50.0）　*E*（15.0，-50.0）　*F*（15.0，50.0）

G（35.0，50.0）　*H*（35.0，-50.0）

3. 识读垫铁零件加工程序

（1）试在工艺人员已编写的加工程序上完成下面工作。

1）明确程序组成，在程序上标注程序名、程序内容、程序结束部分。

2）给程序添加程序段号，增量值为 10。

3）圈出程序段结束标记。

（2）查阅资料，分析程序中尺寸字与加工路线上基点坐标值之间的关系。

学习活动❷　垫铁零件的自动加工

一、加工准备

1. 熟悉工作环境

明确机床位置及其型号，熟悉机床安全操作规程。

2. 工、量、刃具准备

根据垫铁零件的加工需要，填写工、量、刃具清单（表 1-15），并领取工、量、刃具。

表 1-15　工、量、刃具清单

序号	名称	规格	数量	备注

3. 领取毛坯

领取毛坯并测量毛坯尺寸，判断毛坯是否有足够的加工余量。

二、加工零件

1. 开机准备

（1）做好开机前的各项常规检查工作。

（2）规范启动机床。

（3）机床各坐标轴回参考点。

（4）机床回位。

（5）启动主轴预热。

2. 输入数控加工程序

（1）熟悉程序编辑操作方法，完成表 1-16 的填写。

表 1-16　程序编辑操作

功能操作		操作步骤
程序段操作	新建程序	
	调用程序	
	删除程序	
程序字操作	插入一个程序字	
	程序字的替换	
	程序字的删除	
	输入过程中程序字的取消	
	光标跳到程序开头	

（2）将数控加工程序输入数控系统。

3. 装夹毛坯。

4. 安装刀具。

5. 对刀及参数设置。

6. 程序校验

安全起见，将 G54 参数中的 Z 值增大 50 mm 后再进行程序校验。

（1）熟悉程序校验操作方法，完成表 1-17 的填写。

表 1-17　程序校验操作

序号	功能操作	操作步骤
1	机床锁住校验	
2	机床空运行校验	
3	采用图形显示功能校验	

（2）在程序输入和校验时，有可能产生报警，请将报警号、报警内容、报警原因和解决方法填入表 1-18。

表 1-18　程序输入和校验时产生的报警

报警号	报警内容	报警原因	解决方法

7. 自动加工

解除机床锁住功能，将 G54 参数中的 *Z* 值改为原值，参考机床锁住校验步骤，完成垫铁零件的自动加工。

8. 自动加工完毕，卸下工件，清理工件并去毛刺。

三、保养机床、清理场地

按照 6S 管理的要求保养机床、清理场地。

学习活动③ 垫铁零件的自动加工质量检测与分析

一、明确检测要素，领取检测量具

同本项目的任务 3。

二、加工质量检测

按表 1-19 所列项目和技术要求检测加工零件，将检测结果填入检测记录栏，并根据评分标准给出得分。

表 1-19 加工质量检测

零件编号			总得分			
项目与权重	序号	技术要求	配分	评分标准	检测记录	得分
任务评分（30%）	1	2.8 mm	5	超差不得分		
	2	30 mm	5	超差不得分		
	3	70 mm	5	超差不得分		
	4	12 mm	5	超差不得分		
	5	Ra3.2 μm	5	降级不得分		
	6	无过切现象	5	每处过切扣 2.5 分		
程序与加工工艺（40%）	7	程序与程序段格式正确	8	每处错误扣 2 分		
	8	程序输入与编辑操作正确	8	每处错误扣 2 分		
	9	程序扩展操作正确	8	每处错误扣 2 分		
	10	程序空运行检查正确	8	每处错误扣 2 分		
	11	图形显示功能校验正确	8	每处错误扣 2 分		
机床操作（20%）	12	对刀及坐标系设定正确	5	每处错误扣 1 分		
	13	机床操作面板操作正确	5	每处错误扣 1 分		
	14	进给操作正确	5	每处错误扣 1 分		
	15	意外情况处理合理	5	每处不合理扣 1 分		
安全文明生产（10%）	16	遵守安全生产规程	5	每处错误扣 1 分		
	17	机床维护与保养正确	3	每处错误扣 1 分		
	18	工作场所整理合格	2	不合格不得分		

三、加工质量分析

分析不合格项目的产生原因，提出改进意见，填写表 1-20。

表 1-20　加工质量分析

序号	不合格项目	产生原因	改进意见

四、量具保养与归还

对所用量具进行规范保养并归还。

五、工作总结

1. 通过垫铁零件的自动加工，你学到哪些知识与技能？试从工艺制定方面、加工程序编制方面、加工操作方面、质量检测方面等进行阐述。

2. 试分析和总结在本任务完成过程中获得的经验和存在的不足。

巩固与提高

一、填空题（将正确答案填写在横线上）

1. 数控系统可以识别的________称为程序，制作程序的过程称为__________。

2. 数控编程可分为________和___________两类。

3. 实现自动化编程的方法主要有__________自动编程和________自动编程两种，

其中后者利用________软件生成加工程序。

4. 一个完整的程序由________、________和________三部分组成。

5. FANUC 系统的程序号以字母____开头，其后为________，数字前的零可以省略。

二、判断题（正确的打“√”，错误的打“×”）

1. M99 与 M30 指令的功能是一致的，它们都能使机床停止一切动作。（ ）

2. AUTO 模式下的按钮，如“MC LOCK”“DRY RUN”“BLOCK DELETE”等，均为单选按钮，只能选择其中的一个，不能复选。（ ）

3. 只有在 MDI 或 EDIT 方式下，才能进行程序的输入操作。（ ）

4. 在插入新程序的过程中，如果新建的程序号为内存中已有的程序号，则新程序将替代原有程序。（ ）

5. 在 EDIT 模式下，按下“RESET”键即可使光标跳到程序开头。（ ）

6. 数控机床空运行主要用于检查工件的加工精度。（ ）

7. 在 FANUC 系统中编辑加工程序，如要输入字母“E”，只需连续按下按钮 [EOB E] 两次即可。（ ）

8. 机床返回参考点后，如果按下急停开关，机床返回参考点指示灯将熄灭。（ ）

9. 准备功能字 G 代码主要用来控制机床主轴的启停、冷却液的开关和工件的夹紧与松开等机床准备动作。（ ）

10. 程序段的执行是按程序段号数值的大小顺序来进行的，程序段号数值小的先执行，大的后执行。（ ）

三、选择题（将正确答案的代号填入括号内）

1. 数控机床空运行主要是用于检查（ ）。

A. 程序编制的正确性　　B. 刀具运行轨迹的正确性

C. 机床运行的稳定性　　D. 加工精度的正确性

2. 下列指令中，用以控制切削过程中切削速度为 100 m/min 的指令是（ ）。

A. G50 S100　　B. G96 S100　　C. G97 S100　　D. G98 S100

3. 数控编程时，应首先设定（ ）。

A. 机床原点　　B. 机床参考点　　C. 机床坐标系　　D. 工件坐标系

4. FANUC 系统在（ ）方式下编辑的程序不能被存储。

A. MDI　　B. EDIT　　C. DNC　　D. 以上均是

5. FANUC 0i 系统中，在程序编辑状态输入“O-9999”后按下“DELETE”键，则（ ）。

A. 删除当前显示的程序　　B. 不能删除程序

C. 删除存储器中所有程序　　D. 出现报警信息

6. 在编辑模式下，光标处于 N10 程序段，输入地址 N200 后按下“DELETE”键，则将删除（　　）程序段。

A. N10　　B. N200　　C. N10～N200　　D. N200 之后

7. 机床操作面板上用于程序字更改的键是（　　）。

A.“ALTER”　　B.“INSERT”　　C.“DELETE”　　D.“EOB”

项目二
数控铣削加工的计算机仿真

任务❶ 数控加工仿真系统的使用

任务描述

某数控加工生产企业为了快速、高效地调试数控加工程序，新采购了宇龙数控加工仿真系统，在程序调试之前，需采用数控加工仿真系统快速校验程序的正确性。该企业将此任务交给数控铣车间，请迅速熟悉该仿真系统的操作界面，掌握界面上各功能按钮的含义和用途，并操作仿真系统进行程序校验。

学习活动❶ 认识数控加工仿真系统

一、数控加工仿真系统

1. 常用的数控加工仿真系统有哪些?

2. 数控加工仿真系统的常用功能有哪些?

二、宇龙数控加工仿真系统操作界面

1. 简述图 2-1 所示工具栏中工具图标的功能。

图 2-1　工具栏

2. 简述方式选择旋钮（见图 2-2）从当前“回零”位置旋转至“手轮”位置的操作步骤。

图 2-2　方式选择旋钮

学习活动❷ 数控加工仿真系统的基本操作

一、仿真加工准备

检查所用计算机上的数控加工仿真系统是否能正常开启。

二、数控加工仿真系统基本操作

1. 仿真加工准备操作（选择机床和数控系统）

（1）写出所选用的仿真机床和数控系统类型。

（2）完成本阶段学习所使用的仿真机床和数控系统选用操作，并简述操作步骤。

2. 机床回参考点

简述机床回参考点操作步骤，并按操作步骤完成回参考点操作。

3. 定义毛坯并装夹毛坯

分别采用平口钳和工艺板装夹毛坯，记录装夹过程，思考两种装夹方式的特点，完成表 2-1 的填写。

表 2-1 毛坯装夹方式

装夹方式	平口钳装夹	工艺板装夹
毛坯尺寸		
系统默认毛坯位于夹具中的位置		
装夹过程		
结论：		

4. 安装刀具

（1）数控加工仿真系统刀具

查阅数控加工仿真系统提供的刀具，完成表 2-2 的填写。

表 2-2　刀具表

序号	刀具类型	直径范围	刃长范围

（2）完成刀具安装

完成 ϕ12 mm 立铣刀的安装，并简述操作步骤。

5. 输入数控加工程序

将垫铁零件的数控加工程序输入数控加工仿真系统。

6. 保存项目

简述保存项目操作步骤，并保存项目。

三、场地清理

按照 6S 管理的要求，清理工作场地。

学习活动❸ 数控加工仿真系统基本操作任务评价

一、任务评价

按表 2-3 进行自检，将检测结果填入检测记录栏，并根据评分标准给出得分。

表 2-3 任务评价表

零件编号			总得分			
项目与权重	序号	技术要求	配分	评分标准	检测记录	得分
仿真系统操作（70%）	1	仿真系统开、关操作正确	10	每处错误扣 5 分		
	2	输入程序操作正确	10	每处错误扣 5 分		
	3	数控系统选择操作正确	10	每处错误扣 5 分		
	4	毛坯选择操作正确	10	每处错误扣 5 分		
	5	夹具选择与毛坯匹配	10	每处错误扣 5 分		
	6	刀具选择与安装操作正确	10	每处错误扣 5 分		
	7	保存项目操作正确	10	每处错误扣 5 分		
安全文明生产（30%）	8	遵守安全生产规程	10	每处错误扣 5 分		
	9	计算机维护与保养正确	10	每处错误扣 5 分		
	10	工作场所整理合格	10	不合格不得分		

二、任务完成过程分析

对不合格项目进行分析，找出产生原因，提出改进意见，完成表 2-4 的填写。

表 2-4 任务完成过程分析

序号	不合格项目	产生原因	改进意见

三、工作总结

通过本任务的学习和查阅资料，谈谈对数控加工仿真系统的认识。

____
____
____
____
____
____
____
____
____
____
____
____
____
____
____
____

巩固与提高

一、填空题（将正确答案填写在横线上）

1. 当前，在数控加工中使用的主要仿真系统有________、________、________、________等。

2. 宇龙数控加工仿真系统支持________、________、________、________等数控机床加工。

3. 宇龙数控加工仿真系统提供的控制系统有________系统、________系统、三菱系统、大森系统、________系统、________系统等。

4. 用________单击仿真系统上的旋钮，可使旋钮逆时针旋转；用________单击旋钮，可使旋钮顺时针旋转。用________单击仿真系统上的按钮即可使该按钮位于接通状态。

二、简答题

1. 简述宇龙数控加工仿真系统可进行的主要仿真操作。

2. 简述在宇龙数控加工仿真系统中设定工件坐标系原点的步骤。

三、计算题

1. 写出图 2-3 中 *A* 点至 *F* 点的 *XY* 平面坐标值。

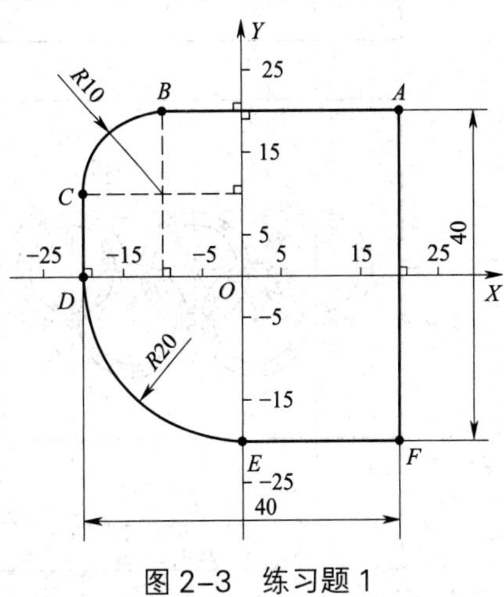

图 2-3　练习题 1

2. 拟采用手动切削方式加工如图 2-4 所示工件中的矩形槽，槽深 5 mm。试根据图中给出的信息，计算 *A* 点至 *D* 点的 *XY* 平面坐标值。

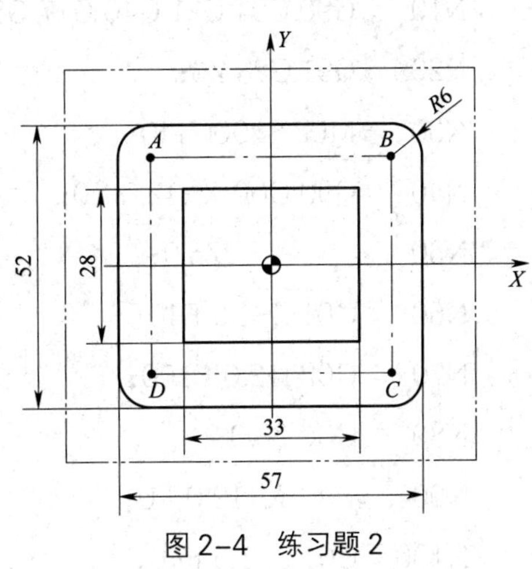

图 2-4　练习题 2

任务❷ 标牌零件仿真加工

任务描述

车间现接到某企业标牌零件的加工订单，订单数量为 20 件，零件图如图 2-5 所示，槽深为 1.5 mm。毛坯材料为铝，毛坯尺寸为 100 mm × 80 mm × 10 mm。数控加工编程人员已完成了数控加工程序的编写工作，为提高加工效率，了解零件的加工效果，确保程序的正确性，试在加工之前用数控加工仿真系统进行仿真加工。

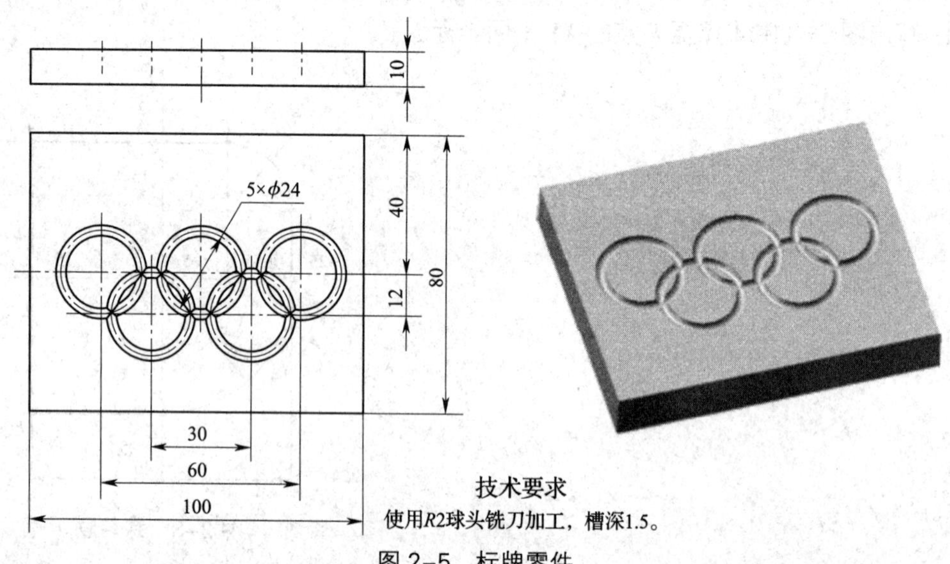

图 2-5　标牌零件

```
      O0200;
N10   G90 G94 G21 G40 G17 G54;
N20   G91 G28 Z0;              （Z 向回参考点）
N30   M03 S3000 M08;           （主轴正转，切削液开）
N40   G90 G00 X-42.0 Y0;       （刀具在 XY 平面内快速定位）
N50           Z5.0;            （刀具 Z 向快速定位）
N60   G01 Z-1.5 F40;           （加工上方左侧圆弧槽）
N70   G02 I12.0 F100;
N80   G00 Z3.0;                （刀具抬起）
N90         X-12.0 Y0;         （刀具在 XY 平面内快速定位）
N100  G01 Z-1.5 F40;           （加工上方中间圆弧槽）
```

```
N110  G02 I12.0 F100;
N120  G00 Z3.0;                (刀具抬起)
N130      X18.0 Y0;            (刀具在XY平面内快速定位)
N140  G01 Z-1.5 F40;           (加工上方右侧圆弧槽)
N150  G02 I12.0 F100;
N160  G00 Z3.0;                (刀具抬起)
N170      X-15.0 Y-24.0;       (刀具在XY平面内快速定位)
N180  G01 Z-1.5 F40;           (加工下方左侧圆弧槽)
N190  G02 J12.0 F100;
N200  G00 Z3.0;                (刀具抬起)
N210      X15.0 Y-24.0;        (刀具在XY平面内快速定位)
N220  G01 Z-1.5 F40;           (加工下方右侧圆弧槽)
N230  G02 J12.0 F100;
N390  G00 Z100.0 M09;          (刀具Z向快速抬刀)
N400  M05;                     (主轴停转)
N410  M30;                     (程序结束)
```

学习活动❶ 检查刀具运行轨迹与零件模型装夹

一、检查刀具运行轨迹

检查刀具运行轨迹，并填写表2-5。

表2-5 检查刀具运行轨迹操作

序号	步骤	操作方法	备注
1	调出检查程序		
2	选择方式		
3	设置CRT显示页面		
4	启动程序		

二、零件模型装夹

装夹零件模型，填写表 2-6。

表 2-6 装夹零件模型操作

序号	步骤	操作方法	备注
1	导出零件模型		
2	导入零件模型		
3	装夹零件模型		

学习活动❷ 标牌零件的仿真加工

一、仿真加工准备

检查所用计算机上的数控加工仿真系统是否能正常开启。

二、标牌零件仿真加工

根据表 2-7 中的提示完成标牌零件的仿真加工，并填写操作重点。

表 2-7 标牌零件仿真加工步骤

序号	加工步骤	操作内容	操作重点
1	导入数控加工程序	将数控加工程序输入记事本	
		新建加工项目	
2	仿真加工准备	选择数控铣床	
		关闭机床外壳	
		设置毛坯（100 mm × 80 mm × 10 mm）	
		选择夹具（平口钳）	
		放置零件并调整位置	
		安装刀具（$R2$ mm 球头铣刀）	
3	对刀操作	手动对刀	
		设定工件坐标系	
4	仿真加工	仿真加工	

三、清理场地

按照 6S 管理的要求清理工作场地。

学习活动❸ 标牌零件仿真加工任务评价

一、任务评价

按表 2-8 所列项目和技术要求进行检测，将检测结果填入检测记录栏，并根据评分标准给出得分。

表 2-8 任务评价表

零件编号			总得分			
项目与权重	序号	技术要求	配分	评分标准	检测记录	得分
仿真系统操作（70%）	1	仿真系统操作正确	15	每处错误扣 5 分		
	2	程序传输正确	15	每处错误扣 5 分		
	3	仿真加工操作正确	20	每处错误扣 5 分		
	4	仿真机床操作正确	20	每处错误扣 5 分		
程序与加工工艺（20%）	5	程序格式规范	5	每处不规范扣 1 分		
	6	程序正确、完整	5	每处错误扣 1 分		
	7	程序参数设置合理	10	每处不合理扣 2 分		
安全文明生产（10%）	8	计算机操作规范	5	每处不规范扣 1 分		
	9	符合安全生产规程	5	每处错误扣 1 分		

二、任务完成过程分析

对不合格项目进行分析，找出产生原因，提出改进意见，完成表 2-9 的填写。

表 2-9 任务完成过程分析

序号	不合格项目	产生原因	改进意见

续表

序号	不合格项目	产生原因	改进意见

三、工作总结

1. 通过标牌零件的数控仿真加工，你学到了哪些知识与技能？

2. 试分析和总结在本任务完成过程中获得的经验和存在的不足。

巩固与提高

简答题

1. 简述数控机床加工零件的基本步骤。

2. 简述仿真操作的基本步骤。

3. 简述仿真操作与数控机床实际操作的区别。

4. 简述在数控加工仿真系统中输入程序的方法。

5. 简述在数控加工仿真系统中快速对刀的方法。

项目三
铣削平面类零件

任务❶ 齿轮泵盖底平面加工

任务描述

车间现接到某企业齿轮泵盖零件的加工订单，订单数量为 1 件，零件图如图 3-1 所示，毛坯用 HT200 铸造成形，孔的加工已经完成。本任务主要加工底平面，加工余量为 1 mm，试选用合适的刀具和合理的切削用量，在数控铣床上完成底平面的加工。

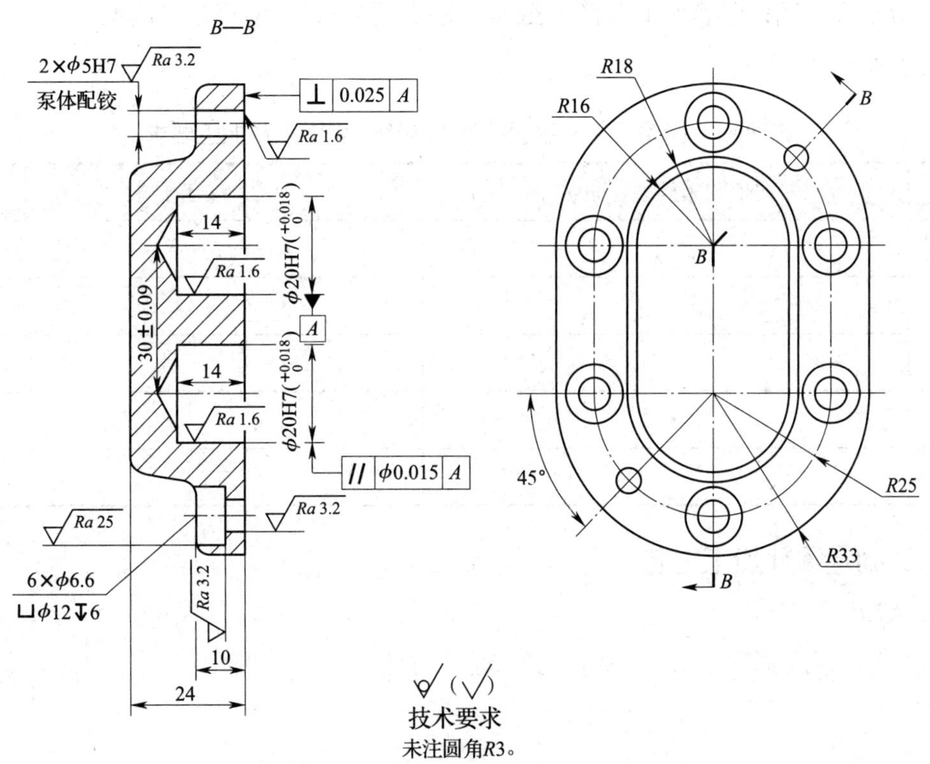

图 3-1　齿轮泵盖零件

学习活动❶　齿轮泵盖底平面的加工工艺分析与编程

一、分析零件图，明确加工要求

1. 分析工作任务，写出本任务要加工的零件名称、零件结构、零件数量、毛坯材料、毛坯尺寸。

2. 分析零件图，明确加工内容（表面）及加工要求，完成表 3-1 的填写，为制定加工工艺做准备。

表 3-1　齿轮泵盖底平面的加工内容（表面）及加工要求

序号	加工内容（表面）	加工要求

二、制定零件加工工艺

1. 选择加工方法

根据齿轮泵盖底平面的加工要求，选择加工方法。

2. 选择夹紧方案及夹具

（1）简述数控加工常用装夹方法及应用场合。

（2）根据齿轮泵盖底平面的特点选择夹紧方案及夹具。

3. 选择刀具

选择什么刀具进行加工？刀具材料是什么？列出刀具各参数。

4. 设计加工路线

参考表 3-2 中的加工路线设计，根据实际使用刀具直径，在图 3-2 中绘制齿轮泵盖底平面加工路线，并标出刀具进给方向。

表 3-2　齿轮泵盖底平面加工路线设计参考

加工路线设计 1	加工路线设计 2	加工路线设计 3
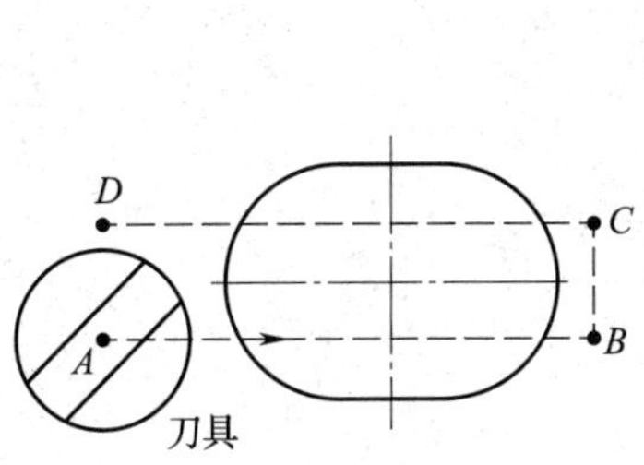 D C A B 刀具	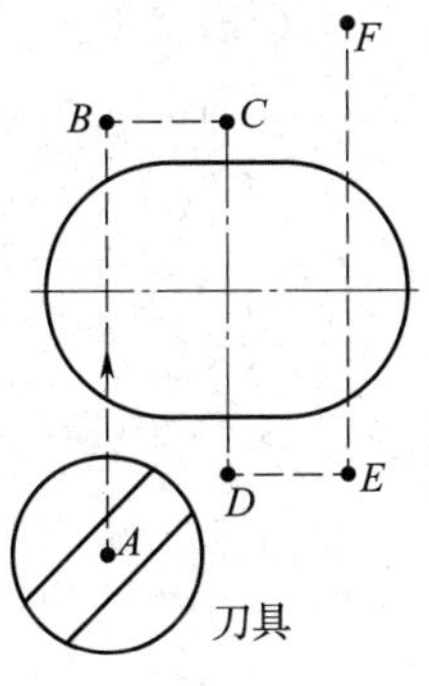 F B C A D E 刀具	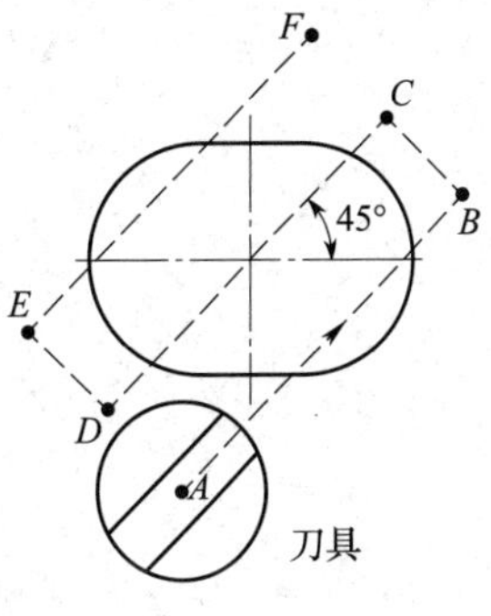 F C 45° B E D A 刀具

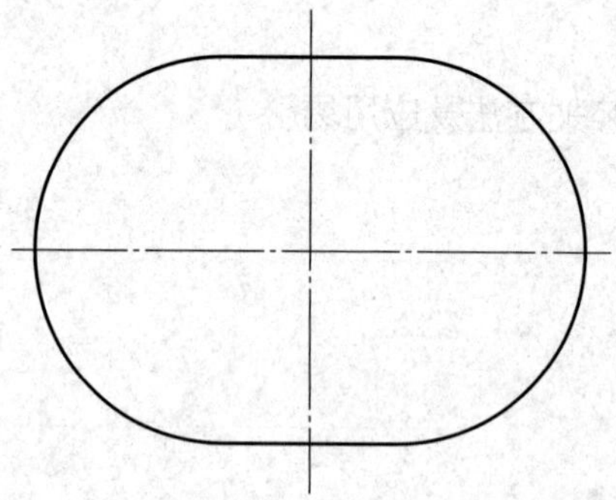

图 3-2　齿轮泵盖底平面加工路线绘制

5. 确定切削用量

（1）列出切削用量三要素。

（2）简述切削用量选择原则。

（3）根据实际加工情况，写出本任务加工所选用的切削用量具体数值。

6. 填写数控加工工艺卡

完成齿轮泵盖底平面数控加工工艺卡（表 3-3）的填写。

表 3-3　齿轮泵盖底平面数控加工工艺卡

<table>
<tr><td colspan="2" rowspan="2">单位</td><td colspan="2" rowspan="2"></td><td colspan="3" rowspan="2">数控加工工艺卡</td><td colspan="2">产品代号</td><td colspan="2">零件名称</td><td colspan="2">零件图号</td></tr>
<tr><td colspan="2"></td><td colspan="2"></td><td colspan="2"></td></tr>
<tr><td colspan="3">工艺序号</td><td colspan="2">程序编号</td><td colspan="2">夹具名称</td><td colspan="2">夹具编号</td><td colspan="2">使用设备</td><td colspan="2">车间</td></tr>
<tr><td colspan="3"></td><td colspan="2"></td><td colspan="2"></td><td colspan="2"></td><td colspan="2"></td><td colspan="2"></td></tr>
<tr><td>工序号</td><td colspan="6">工序内容（加工面）</td><td>刀具号</td><td>刀具规格</td><td>主轴转速 /（r/min）</td><td colspan="2">进给速度 /（mm/min）</td><td>铣削深度 /mm</td></tr>
<tr><td></td><td colspan="6"></td><td></td><td></td><td></td><td colspan="2"></td><td></td></tr>
<tr><td></td><td colspan="6"></td><td></td><td></td><td></td><td colspan="2"></td><td></td></tr>
<tr><td></td><td colspan="6"></td><td></td><td></td><td></td><td colspan="2"></td><td></td></tr>
<tr><td></td><td colspan="6"></td><td></td><td></td><td></td><td colspan="2"></td><td></td></tr>
<tr><td></td><td colspan="6"></td><td></td><td></td><td></td><td colspan="2"></td><td></td></tr>
<tr><td></td><td colspan="6"></td><td></td><td></td><td></td><td colspan="2"></td><td></td></tr>
<tr><td></td><td colspan="6"></td><td></td><td></td><td></td><td colspan="2"></td><td></td></tr>
<tr><td></td><td colspan="6"></td><td></td><td></td><td></td><td colspan="2"></td><td></td></tr>
<tr><td></td><td colspan="6"></td><td></td><td></td><td></td><td colspan="2"></td><td></td></tr>
<tr><td></td><td colspan="6"></td><td></td><td></td><td></td><td colspan="2"></td><td></td></tr>
<tr><td>编制</td><td colspan="3"></td><td colspan="2">审核</td><td></td><td>批准</td><td></td><td colspan="4">共__页　第__页</td></tr>
</table>

三、编制数控加工程序

1. 编程指令

（1）G 指令

1）G00、G01 指令格式

查阅资料，完成表 3-4 的填写。

表 3-4　G00 与 G01 指令格式及说明

功能	指令代码	指令格式及说明
快速点定位		
直线插补		

2）G00、G01 指令应用

①已知刀具当前位置在 *A* 点，如图 3-3 所示。试编写程序段，使刀具先快速运动到 *B* 点，然后以 100 mm/min 的进给速度继续运动到 *C* 点。

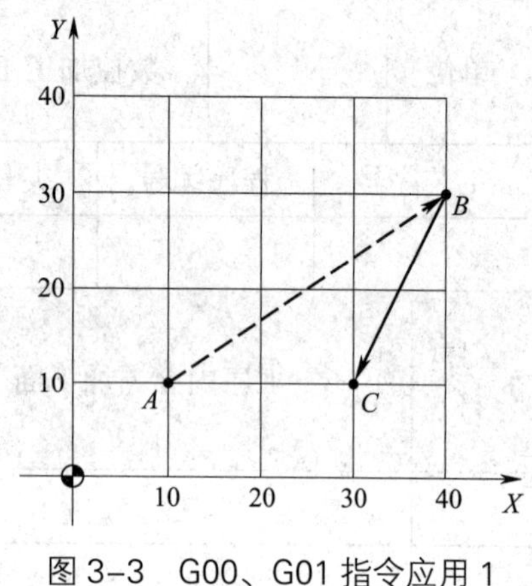

图 3-3　G00、G01 指令应用 1

②已知刀具当前位置在 *A* 点，如图 3-4 所示。试编写程序段，使刀具先快速运动到 *B* 点，然后以 200 mm/min 的进给速度连续运动到 *C* 点、*D* 点、*E* 点、*F* 点，最后快速回到 *A* 点。

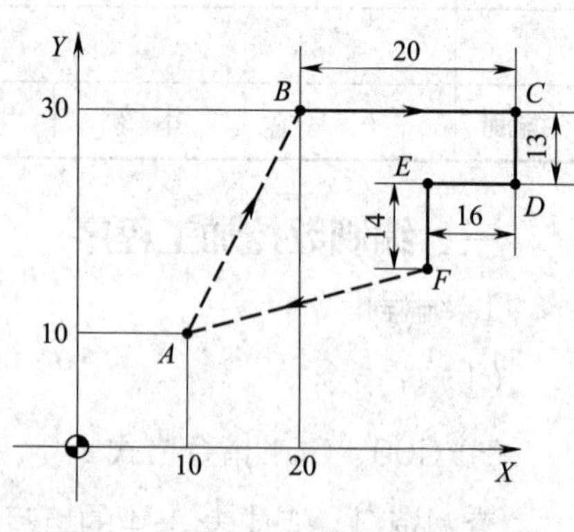

图 3-4　G00、G01 指令应用 2

3）G00 与 G01 指令的区别

查阅资料，完成表 3-5 的填写。

表 3-5　G00 与 G01 指令的区别

项目	G00 指令	G01 指令
指令格式		
进给速度		
运行轨迹		
应用		

（2）其他常用功能指令

查阅资料，完成表 3-6 的填写。

表 3-6　其他常用功能指令

序号	指令	功能	序号	指令	功能
1	G54		7	M08	切削液开
2	G90		8	M09	切削液关
3	G94		9	M03	
4	G21		10	M04	主轴逆时针方向旋转
5	G17		11	M05	
6	G40		12	M30	主轴停转，程序结束

2. 识读程序

根据给出的程序，在图 3-5 中画出刀位点在 *XY* 平面上的运行轨迹。

```
O0001;
G90 G94 G21 G40 G17 G54;
M03 S600;
G01 Z100.0 F500;
    Z20.0;
    X-30.0 Y-30.0;（A 点）
G01 Z10.0;
    Z-2.0;
```

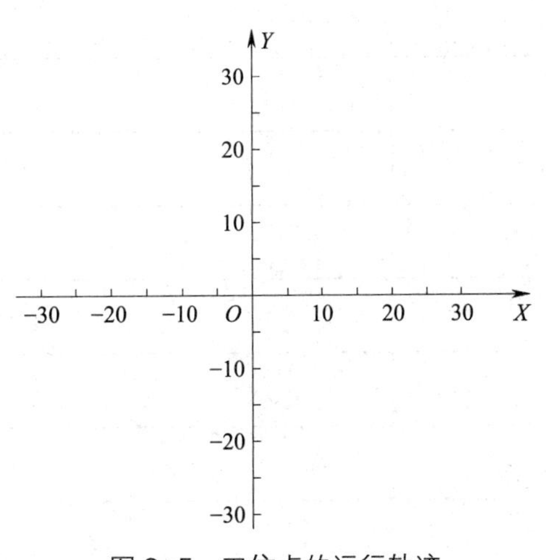

图 3-5　刀位点的运行轨迹

```
G01 X-20.0 F100;（B 点）
    Y20.0;       （C 点）
    X20.0;       （D 点）
    Y-20.0;      （E 点）
    X-30.0;      （F 点）
G00 X-30.0 Y-30.0;（G 点）
G00 Z100.0;
M05;
M30;
```

3. 编制齿轮泵盖底平面数控加工程序

（1）在图 3-1 中标出编程原点，绘制 *X*、*Y*、*Z* 坐标轴。

（2）编制齿轮泵盖底平面的数控加工程序（表 3-7）。

表 3-7　齿轮泵盖底平面的数控加工程序

程序段号	加工程序	程序说明

学习活动❷ 齿轮泵盖底平面的加工

一、加工准备

1. 工、量、刃具准备

根据齿轮泵盖底平面的加工需要，填写工、量、刃具清单（表 3-8），并领取工、量、刃具。

表 3-8 工、量、刃具清单

序号	名称	规格	数量	备注

2. 领取毛坯

领取毛坯并测量毛坯尺寸，判断毛坯是否有足够的加工余量。

3. 选择切削液

根据加工对象及所用刃具，领取本次加工所用切削液，写出切削液牌号。

二、加工零件

1. 开机准备

（1）做好开机前的各项常规检查工作。

（2）规范启动机床。

（3）机床各坐标轴回参考点。

（4）机床回位。

（5）启动主轴预热。

2. 输入数控加工程序并校验

（1）简述用图形显示功能校验程序的操作步骤。

（2）将齿轮泵盖底平面的数控加工程序输入数控系统并进行校验。

3. 装夹毛坯。

4. 安装刀具。

5. 对刀及参数设置

（1）简述齿轮泵盖底平面加工时的对刀方法并完成对刀及参数设置。

（2）加工齿轮泵盖底平面时，若对刀不准确会产生什么后果？

6. 自动加工

（1）写出调用程序的操作步骤。

（2）调出齿轮泵盖底平面加工程序，并转入自动加工模式。将 G54 参数中的 Z 值增大 50 mm，空运行加工程序，验证加工轨迹是否正确。若轨迹正确，将 G54 参数中的 Z 值改为原值，进行下一步操作。若不正确，分析并记录程序出错原因，确保正确后，进行下一步操作。

（3）采用单段运行方式对工件进行加工，并在加工过程中密切观察加工状态，如有异常现象及时停机检查，分析并记录异常原因。

（4）加工完毕，检测加工表面有关尺寸是否符合图样要求。若不符合要求，根据加工余量情况确定是否进行修整加工，若能修整，则修整加工至图样要求。简述检测及修整情况。

7. 自动加工完毕，卸下工件，清理工件并去毛刺。

8. 根据小组成员完成情况，修改、完善加工工艺。

三、保养机床、清理场地

按照 6S 管理的要求保养机床、清理场地。

学习活动❸　齿轮泵盖底平面的加工质量检测与分析

一、明确检测要素，领取检测量具

1. 齿轮泵盖底平面有哪些关键尺寸需要检测？说明原因及检测方法。

2. 根据齿轮泵盖底平面的检测要素，领取量具并说明检测内容，填入表 3-9 中。

表 3-9　量具及检测内容

序号	量具名称及规格	检测内容

二、加工质量检测

按表 3-10 所列项目和技术要求检测加工零件，将检测结果填入检测记录栏，并根据评分标准给出得分。

表 3-10　加工质量检测

<table>
<tr><td colspan="2">零件编号</td><td></td><td colspan="2">总得分</td><td colspan="2"></td></tr>
<tr><td>项目与权重</td><td>序号</td><td>技术要求</td><td>配分</td><td>评分标准</td><td>检测记录</td><td>得分</td></tr>
<tr><td rowspan="3">任务评分（30%）</td><td>1</td><td>24 mm</td><td>10</td><td>超差不得分</td><td></td><td></td></tr>
<tr><td>2</td><td>垂直度 0.025 mm</td><td>10</td><td>超差不得分</td><td></td><td></td></tr>
<tr><td>3</td><td>Ra1.6 μm</td><td>10</td><td>降级不得分</td><td></td><td></td></tr>
<tr><td rowspan="4">程序与加工工艺（30%）</td><td>4</td><td>程序格式规范</td><td>10</td><td>每处不规范扣 2 分</td><td></td><td></td></tr>
<tr><td>5</td><td>程序正确、完整</td><td>10</td><td>每处错误扣 2 分</td><td></td><td></td></tr>
<tr><td>6</td><td>加工工艺合理</td><td>5</td><td>每处不合理扣 1 分</td><td></td><td></td></tr>
<tr><td>7</td><td>程序参数设置合理</td><td>5</td><td>每处不合理扣 1 分</td><td></td><td></td></tr>
<tr><td rowspan="4">机床操作（20%）</td><td>8</td><td>对刀及坐标系设定正确</td><td>5</td><td>每处错误扣 1 分</td><td></td><td></td></tr>
<tr><td>9</td><td>机床操作面板操作正确</td><td>5</td><td>每处错误扣 1 分</td><td></td><td></td></tr>
<tr><td>10</td><td>进给操作正确</td><td>5</td><td>每处错误扣 1 分</td><td></td><td></td></tr>
<tr><td>11</td><td>意外情况处理合理</td><td>5</td><td>每处不合理扣 1 分</td><td></td><td></td></tr>
<tr><td rowspan="3">安全文明生产（20%）</td><td>12</td><td>遵守安全生产规程</td><td>10</td><td>每处错误扣 5 分</td><td></td><td></td></tr>
<tr><td>13</td><td>机床维护与保养正确</td><td>5</td><td>每处错误扣 1 分</td><td></td><td></td></tr>
<tr><td>14</td><td>工作场所整理合格</td><td>5</td><td>不合格不得分</td><td></td><td></td></tr>
</table>

三、加工质量分析

分析不合格项目的产生原因，提出改进意见，填写表 3-11。

表 3-11　加工质量分析

序号	不合格项目	产生原因	改进意见

续表

序号	不合格项目	产生原因	改进意见

四、量具保养与归还

对所用量具进行规范保养并归还。

五、工作总结

1. 通过齿轮泵盖底平面的数控编程与加工，你学到哪些知识与技能？试从工艺制定方面、编程方面、加工操作方面、测量方面等进行阐述。

2. 试分析和总结在本任务完成过程中获得的经验和存在的不足。

____

____

____

____

____

____

____

____

____

____

____

____

____

巩固与提高

一、填空题（将正确答案填写在横线上）

1. 根据加工的需要，进给功能分＿＿＿＿＿＿进给和＿＿＿＿＿进给两种，其单位分别为 mm/min 和 mm/r。

2. 主轴的转速分为＿＿＿＿＿和＿＿＿＿＿两种，前者用 G 代码＿＿＿＿＿表示，后者用 G 代码＿＿＿＿＿表示，两者的关系为＿＿＿＿＿＿。

3. 主轴正转用指令＿＿＿＿表示，主轴反转用指令＿＿＿＿表示，主轴停转用指令＿＿＿＿表示。

4. 在程序中一经执行即能保持连续有效的指令称为＿＿＿＿＿＿＿，又称为续效指令。仅在编入的程序段内才有效的指令称为＿＿＿＿＿＿指令，又称为＿＿＿＿＿＿指令。

5. 平面选择指令可分别用 G17、G18、G19 来表示，其中 G17 表示选择＿＿＿平面，G18 表示选择＿＿＿平面，G19 表示选择＿＿＿平面。

6. 在 FANUC 系统中，可以利用工件坐标系零点偏移指令＿＿＿＿＿设定工件坐标系，还可以用 G92 指令直接设定工件坐标系，局部坐标系用指令＿＿＿＿＿＿设定。

7. 初始化程序“G90 G94 G40 G17 G21 G54；”中，G94 表示＿＿＿＿＿，G21 表示＿＿＿＿＿＿。

8. FANUC 系统采用____________进行公、英制的切换。

二、判断题（正确的打“√”，错误的打“×”）

1. “X100.0；”是一个正确的程序段。（　　）

2. 当前大多数数控机床使用的脉冲当量为 0.1 mm。（　　）

3. “G94 G01…F1.5；”表示刀具的进给速度是 1.5 mm/min。（　　）

4. 编程坐标系是标准坐标系。（　　）

5. 在 G00 程序段中不需要编写 F 指令。（　　）

6. 手动换刀时，刀杆夹头和刀柄都要清洁。（　　）

7. 在执行 G00 程序段的整个过程中，刀具的进给速度是始终不变的。（　　）

8. 执行 G01 指令的刀具运行轨迹肯定是一条连接起点和终点的线段轨迹。（　　）

9. 指令“G90 G01 X0 Y0；”与指令“G91 G01 X0 Y0；”意义相同。（　　）

10. 机床在自动加工时，必须等刀具移动停止后才可利用进给速度倍率旋钮进行进给速度调节。（　　）

三、选择题（将正确答案的代号填入括号内）

1. 在自动运行状态下，按下循环停止按钮，机床的（　　）功能将停止执行。

A. 主轴旋转　　B. 刀具移动

C. 机床冷却、润滑　　D. 以上均是

2. FANUC 系统机床没有返回参考点，如果按下快速进给，通常会出现（　　）情况。

A. 不进给　　B. 快速进给

C. 手动连续进给　　D. 机床报警

3. 下列属于程序段号地址的是（　　）。

A. O　　B. G　　C. N　　D. M

4. 以下指令中，（　　）是辅助功能指令。

A. M03　　B. G90　　C. Y30.0　　D. S600

5. 数控编程时，数字单位以脉冲当量为单位时，指令“G91 G01 X100；”表示移动距离为（　　）mm。

A. 100　　B. 10　　C. 0.1　　D. 0.001

6. 已知刀具直径为 D，转速为 1 000 r/min，则其切削线速度为（　　）m/min。

A. πD　　B. $2\pi D$　　C. $1\,000\pi D$　　D. $\pi D/1\,000$

7. 立式加工中心上工件坐标系 Z 轴方向的原点一般取在工件的（　　）较为合适。

A. 下平面　　B. 上平面　　C. 对称中心　　D. 任意位置

任务❷ 压板零件加工

任务描述

车间现接到某企业压板零件的加工订单，订单数量为 20 件，零件图如图 3-6 所示。毛坯材料为 45 钢，毛坯尺寸为 120 mm × 80 mm × 15 mm，孔的加工已经完成。本任务主要加工左侧台阶和右侧圆弧面，试选用合适的刀具和合理的切削用量，采用合适的装夹方式在数控铣床上完成加工。

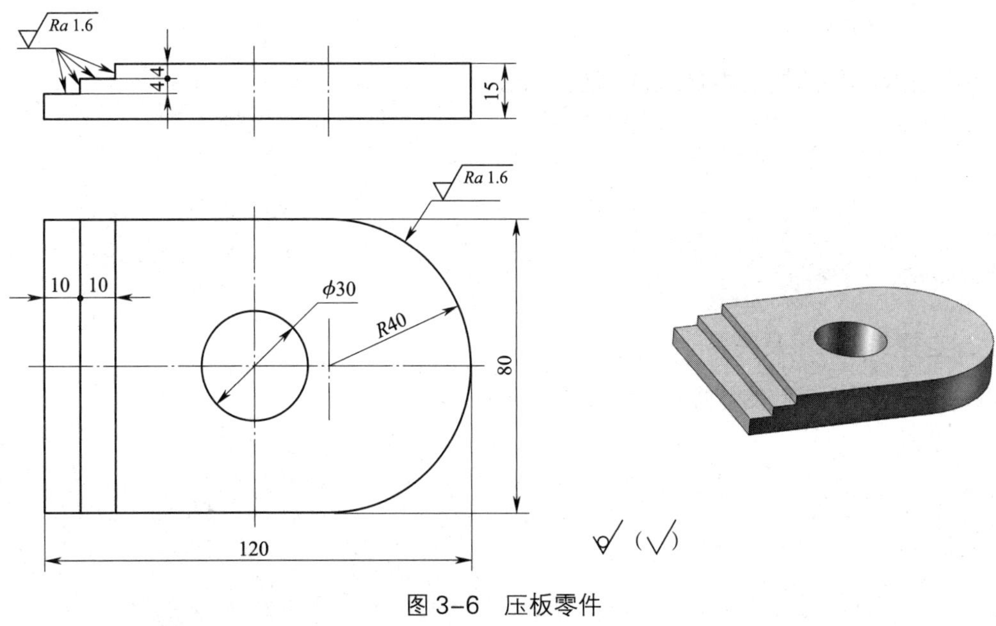

图 3-6 压板零件

学习活动❶ 压板零件的加工工艺分析与编程

一、分析零件图，明确加工要求

1. 分析工作任务，写出本任务要加工的毛坯材料、毛坯尺寸和零件数量。

2. 分析零件图，明确加工内容（表面）及加工要求，完成表 3-12 的填写，为制定加工工艺做准备。

表 3-12　压板零件的加工内容（表面）及加工要求

序号	加工内容（表面）	加工要求

二、制定零件加工工艺

1. 选择加工方法

根据压板零件的加工要求，选择加工方法。

2. 选择夹紧方案及夹具

（1）根据压板零件的特点选择夹紧方案及夹具。

（2）说明压板零件的找正方法。

3. 选择刀具

选择什么刀具进行加工？刀具材料是什么？列出刀具各参数。

4. 确定加工顺序

根据压板零件的加工要求和结构特点，确定各表面的加工顺序。

5. 设计加工路线

参考表 3-13 中的加工路线设计，根据实际使用刀具直径，在图 3-7 中绘制压板零件加工路线，并标出刀具进给方向。

表 3-13　压板零件加工路线设计参考

加工路线设计 1	加工路线设计 2
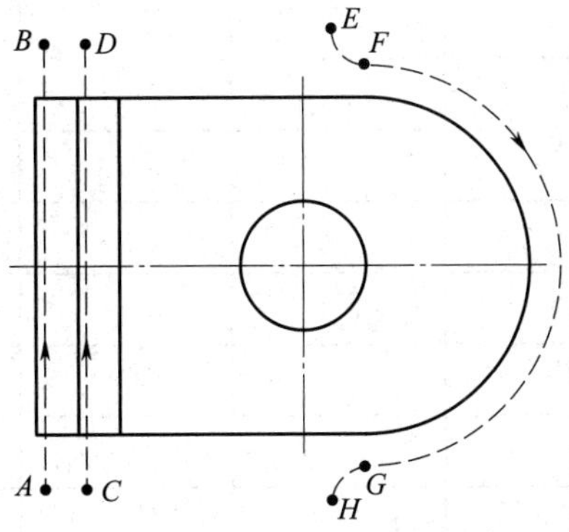 B D E F A C G H	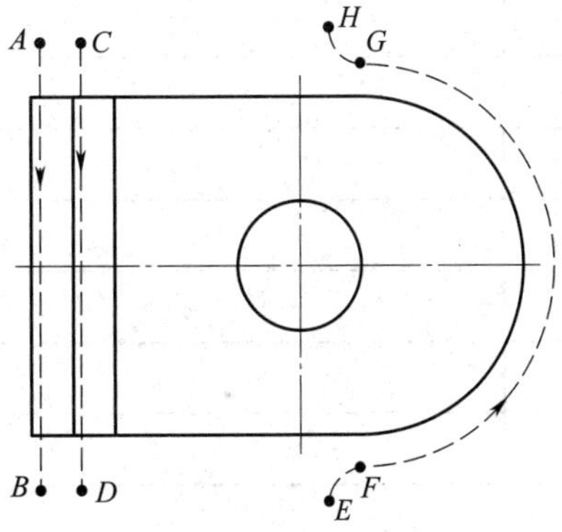 A C H G B D F E

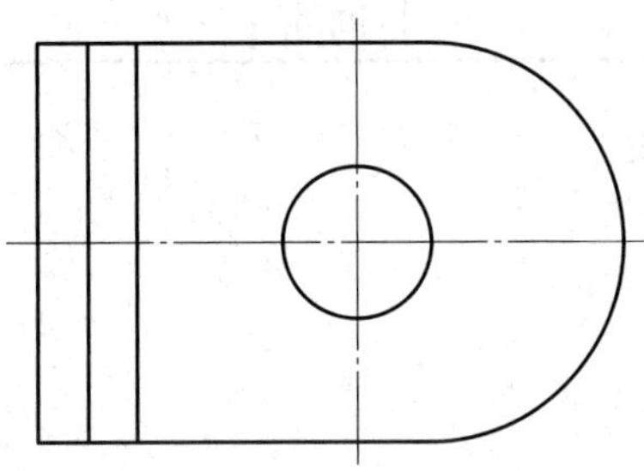

图 3-7　压板零件加工路线绘制

6. 确定切削用量

根据实际加工情况，写出本任务所用切削用量具体数值。

7. 填写数控加工工艺卡

完成压板零件数控加工工艺卡（表 3-14）的填写。

表 3-14　压板零件数控加工工艺卡

<table>
<tr><td rowspan="2">单位</td><td rowspan="2"></td><td rowspan="2" colspan="2">数控加工工艺卡</td><td>产品代号</td><td>零件名称</td><td>零件图号</td></tr>
<tr><td></td><td></td><td></td></tr>
<tr><td>工艺序号</td><td>程序编号</td><td colspan="2">夹具名称</td><td>夹具编号</td><td>使用设备</td><td>车间</td></tr>
<tr><td></td><td></td><td colspan="2"></td><td></td><td></td><td></td></tr>
</table>

<table>
<tr><td>工序号</td><td colspan="2">工序内容（加工面）</td><td>刀具号</td><td>刀具规格</td><td>主轴转速 /（r/min）</td><td colspan="2">进给速度 /（mm/min）</td><td>铣削深度 /mm</td></tr>
<tr><td></td><td colspan="2"></td><td></td><td></td><td></td><td colspan="2"></td><td></td></tr>
<tr><td></td><td colspan="2"></td><td></td><td></td><td></td><td colspan="2"></td><td></td></tr>
<tr><td></td><td colspan="2"></td><td></td><td></td><td></td><td colspan="2"></td><td></td></tr>
<tr><td></td><td colspan="2"></td><td></td><td></td><td></td><td colspan="2"></td><td></td></tr>
<tr><td></td><td colspan="2"></td><td></td><td></td><td></td><td colspan="2"></td><td></td></tr>
<tr><td></td><td colspan="2"></td><td></td><td></td><td></td><td colspan="2"></td><td></td></tr>
<tr><td></td><td colspan="2"></td><td></td><td></td><td></td><td colspan="2"></td><td></td></tr>
<tr><td></td><td colspan="2"></td><td></td><td></td><td></td><td colspan="2"></td><td></td></tr>
<tr><td></td><td colspan="2"></td><td></td><td></td><td></td><td colspan="2"></td><td></td></tr>
<tr><td></td><td colspan="2"></td><td></td><td></td><td></td><td colspan="2"></td><td></td></tr>
<tr><td>编制</td><td></td><td>审核</td><td></td><td>批准</td><td colspan="2"></td><td colspan="2">共__页　第__页</td></tr>
</table>

三、编制数控加工程序

1. 编程指令

（1）G 指令

1）G02、G03 指令格式

查阅资料，完成表 3-15 的填写。

表 3-15　G02、G03 指令格式

功能	指令代码	指令格式
顺时针圆弧插补		
逆时针圆弧插补		

2）G02、G03 指令应用

①已知刀具当前位置在 *A* 点，如图 3-8 所示。试编写程序段，使刀具以 60 mm/min 的进给速度运动到 *B* 点，然后不改变速度运动到 *A* 点。

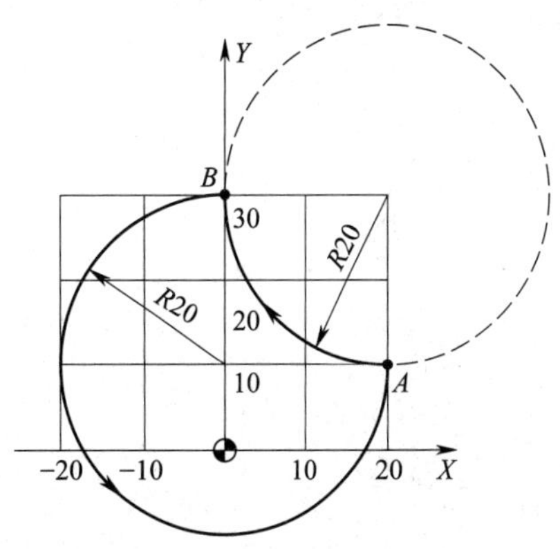

图 3-8　G02、G03 指令应用 1

②已知刀具当前位置在 *A* 点，如图 3-9 所示。试编写程序段，使刀具以 60 mm/min 的进给速度运动到 *B* 点。

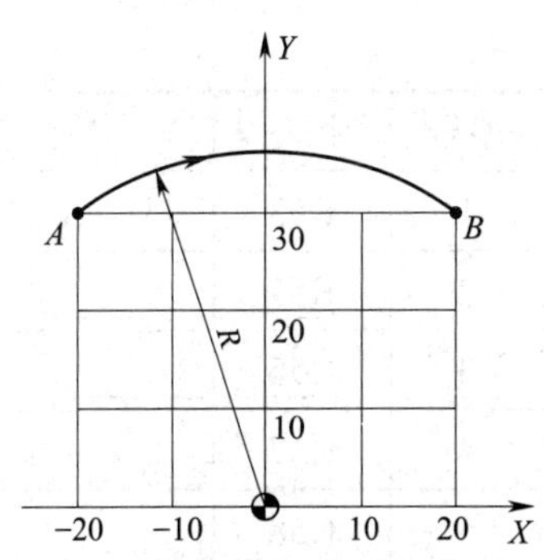

图 3-9　G02、G03 指令应用 2

③已知刀具当前位置在 A 点，如图 3-10 所示。试编写程序段，使刀具以 60 mm/min 的进给速度绕圆一周后回到 A 点。

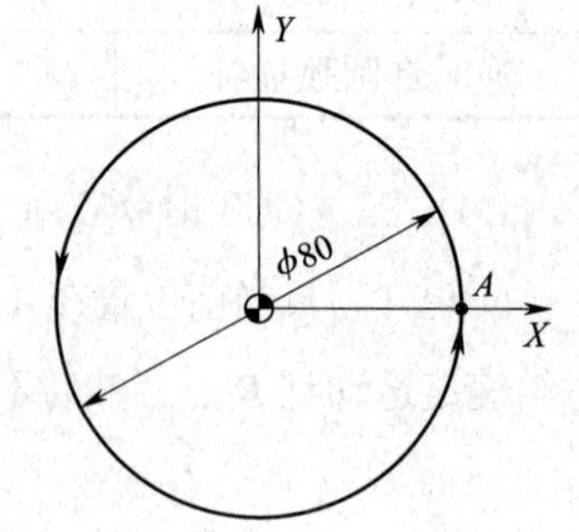

图 3-10　G02、G03 指令应用 3

（2）其他常用功能指令

查阅资料，完成表 3-16 的填写。

表 3-16　其他常用功能指令

序号	指令	功能	序号	指令	功能
1	G53		6	G59	
2	G55		7	G27	
3	G56		8	G28	
4	G57		9	G29	
5	G58				

2. 编制压板零件数控加工程序

（1）在图 3-6 中标出编程原点，绘制 X、Y、Z 坐标轴。

（2）编制压板零件的数控加工程序（表 3-17）。

表 3-17 压板零件的数控加工程序

程序段号	加工程序	程序说明

学习活动❷ 压板零件的加工

一、加工准备

1. 工、量、刃具准备

根据压板零件的加工需要，填写工、量、刃具清单（表 3-18），并领取工、量、刃具。

表 3-18 工、量、刃具清单

序号	名称	规格	数量	备注

2. 领取毛坯

领取毛坯并测量毛坯尺寸，判断毛坯是否有足够的加工余量。

3. 选择切削液

根据加工对象及所用刀具，领取本次加工所用切削液，写出切削液牌号。

二、加工零件

1. 开机准备。

2. 输入数控加工程序并校验。

3. 装夹毛坯。

4. 安装刀具。

5. 对刀及参数设置

（1）简述加工压板零件时的对刀方法，并完成对刀及参数设置。

（2）加工压板零件时，若对刀不准确会产生什么后果？

6. 自动加工

（1）调用数控加工程序。

（2）校验程序。

（3）完成零件加工。

7. 自动加工完毕，卸下工件，清理工件并去毛刺。

8. 根据小组成员完成情况，修改、完善加工工艺。

三、保养机床、清理场地

按照 6S 管理的要求保养机床、清理场地。

学习活动❸ 压板零件的加工质量检测与分析

一、明确检测要素，领取检测量具

1. 压板零件有哪些关键尺寸需要检测？说明原因及检测方法。

2. 根据压板零件的检测要素，领取量具并说明检测内容，填入表 3-19 中。

表 3-19 量具及检测内容

序号	量具名称及规格	检测内容

二、加工质量检测

按表 3-20 所列项目和技术要求检测加工零件，将检测结果填入检测记录栏，并根据评分标准给出得分。

表 3-20　加工质量检测

零件编号			总得分			
项目与权重	序号	技术要求	配分	评分标准	检测记录	得分
加工操作（40%）	1	10 mm	10	超差不得分		
	2	4 mm	10	超差不得分		
	3	R40 mm	10	超差不得分		
	4	Ra1.6 μm	10	降级不得分		
程序与加工工艺（25%）	5	程序格式规范	5	每处不规范扣 1 分		
	6	程序正确、完整	5	每处错误扣 1 分		
	7	加工工艺合理	10	每处不合理扣 2 分		
	8	程序参数设置合理	5	每处不合理扣 1 分		
机床操作（25%）	9	对刀及坐标系设定正确	5	每处错误扣 1 分		
	10	机床操作面板操作正确	10	每处错误扣 2 分		
	11	进给操作正确	5	每处错误扣 1 分		
	12	意外情况处理合理	5	每处不合理扣 1 分		
安全文明生产（10%）	13	遵守安全生产规程	5	每处错误扣 1 分		
	14	机床维护与保养正确	3	每处错误扣 1 分		
	15	工作场所整理合格	2	不合格不得分		

三、加工质量分析

分析不合格项目的产生原因，提出改进意见，填写表 3-21。

表 3-21　加工质量分析

序号	不合格项目	产生原因	改进意见

续表

序号	不合格项目	产生原因	改进意见

四、量具保养与归还

对所用量具进行规范保养并归还。

五、工作总结

1. 通过压板零件的数控编程与加工，你学到哪些知识与技能？试从工艺制定方面、编程方面、加工操作方面、测量方面等进行阐述。

2. 试分析和总结在本任务完成过程中获得的经验和存在的不足。

____

____

____

____

____

____

____

____

____

____

____

____

巩固与提高

一、填空题（将正确答案填写在横线上）

与返回参考点相关的编程指令主要有 G27、G28、G29 三种，其中 G27 是指__________________，G28 是指________________，G29 是指________________。

二、判断题（正确的打“√”，错误的打“×”）

1. 程序中指定的圆弧插补进给速度是指圆弧切线方向的进给速度。（　　）
2. 加工任一斜线段轨迹时，理想轨迹都不可能与实际轨迹完全重合。（　　）
3. 通过零点偏置设定的工件坐标系，当机床关机后再开机，该坐标系将消失。（　　）
4. 我们通常指的顺时针方向与时钟指针转向一致。（　　）

三、选择题（将正确答案的代号填入括号内）

1. FANUC 系统返回 Z 向参考点指令“G91 G28 Z0；”中的“Z0”是指（　　）。

A. Z 向参考点　　B. 工件坐标系 Z0 点

C. Z 向中间点与刀具当前点重合　　D. Z 向机床原点

2. 执行指令“G54；G53；G00 X0.0 Y0.0 Z0.0；”后，刀具所到达的位置为（　　）。

A. 刀具当前点　　B. 机床原点　　C. 编程原点　　D. 加工中心换刀点

3. 程序段“G90 G01 X60.0 Y0 F100；G03 X60.0 Y0 I-60.0 J0；”中，描述整圆轮廓插补，所有可以省略的程序字是（　　）。

A. X60.0、Y0　　B. Y0、J0

C. X60.0、Y0、J0　　D. X60.0、Y0、I-60.0

四、综合题

1. 用 I、J 及 R 的编程方法分别编写图 3-11 中点 *A* 至点 *B* 的四段圆弧程序。

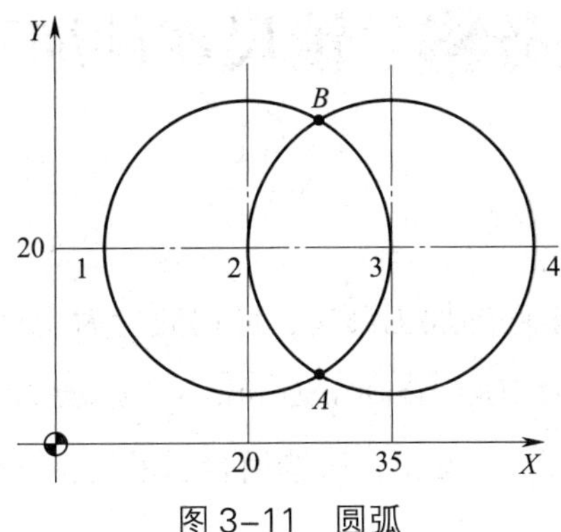

图 3-11 圆弧

（1）圆弧段 1

G____U____W____R____；

G____X____Y____I____J____；

（2）圆弧段 2

G____U____W____R____；

G____X____Y____I____J____；

（3）圆弧段 3

G____U____W____R____；

G____X____Y____I____J____；

（4）圆弧段 4

G____U____W____R____；

G____X____Y____I____J____；

2. 已知某加工程序如下，试在图 3-12 中画出刀具中心在 *XY* 平面上的运行轨迹。

```
O0001；
N05  G54 G94 G40 G21；
N10  G90 G01 X-30.0 Y-20.0 S500 F100 M03；
N20  G01 Y0；
N30  G02 X30.0 Y0 R30.0；
N40        X0 I-15.0 S200 F50；
N50  G91 G03 X-30.0 R15.0；
N60  G90 G00 Y-20.0；
N70  G00 X0 Y0 M05；
N80  M30；
```

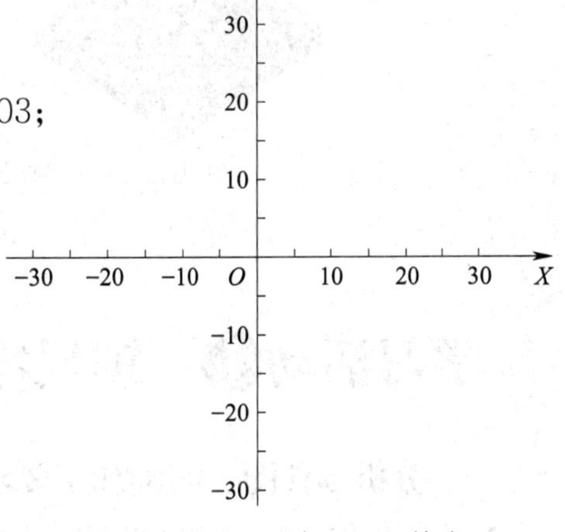

图 3-12 刀具中心运行轨迹

任务❸　镇尺零件加工

任务描述

车间现接到某企业镇尺零件的加工订单，订单数量为 40 件，零件图如图 3-13 所示，毛坯材料为黄铜，毛坯尺寸为 100 mm × 100 mm × 20 mm，其外轮廓已加工完成。本任务主要加工表面的图案，槽深为 1 mm，试选用合适的刀具和合理的切削用量，在加工中心上完成该零件的加工。

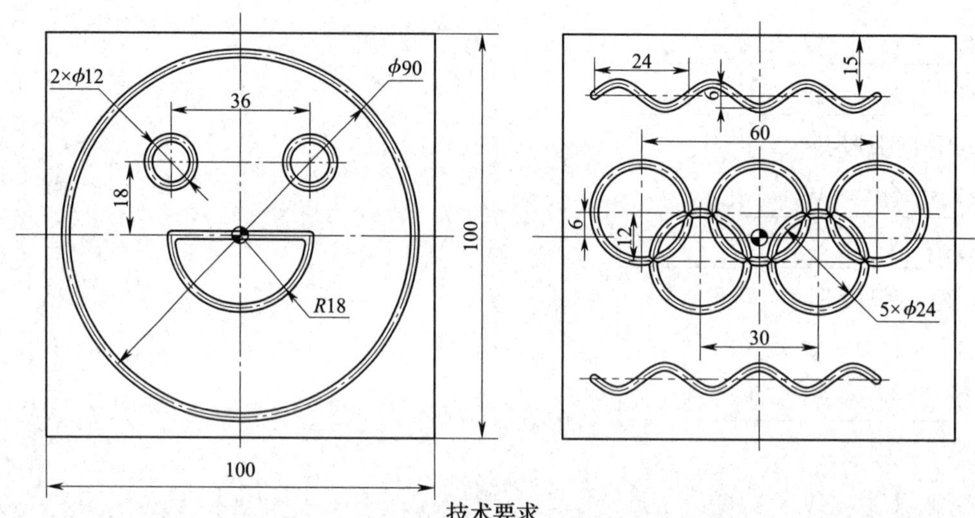

技术要求

正弦曲线槽采用刀尖部 ϕ1 的雕刻刀具加工，槽深为0.3；其余槽采用R1.5球头铣刀加工，槽深为1。

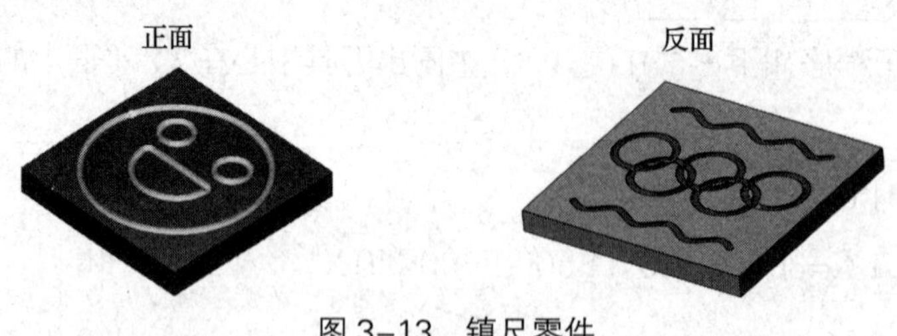

图 3-13　镇尺零件

学习活动❶　镇尺零件的加工工艺分析与编程

一、分析零件图，明确加工要求

1. 分析工作任务，写出本任务要加工的毛坯材料、毛坯尺寸和零件数量。

2. 分析零件图，明确加工内容（表面）及加工要求，完成表 3-22 的填写，为制定加工工艺做准备。

表 3-22　镇尺零件的加工内容（表面）及加工要求

序号	加工内容（表面）	加工要求

3. 资料查阅，写出图 3-13 中所有尺寸的极限偏差数值。

二、制定零件加工工艺

1. 选择加工方法

根据镇尺零件的加工要求，选择加工方法。

2. 选择夹紧方案及夹具

根据镇尺零件的结构特点选择夹紧方案及夹具。

3. 选择刀具

选择什么刀具进行加工？刀具材料是什么？列出刀具各参数。

4. 确定加工顺序

根据镇尺零件的加工要求和结构特点，确定各表面的加工顺序，填写表 3-23。

表 3-23　镇尺零件加工顺序

序号	加工内容（加工表面）	刀具号	刀具名称与规格	刀具材料

5. 设计加工路线

在图 3-14 中绘制镇尺零件加工路线，并标出刀具进给方向。

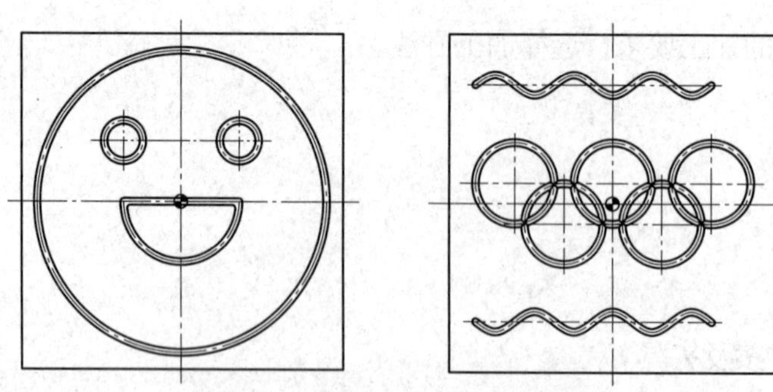

图 3-14　镇尺零件加工路线绘制

6. 确定切削用量

根据实际加工情况，写出本任务加工所用切削用量具体数值。

7. 填写数控加工工艺卡

完成镇尺零件数控加工工艺卡（表 3-24）的填写。

表 3-24　镇尺零件数控加工工艺卡

<table>
<tr><td rowspan="2">单位</td><td rowspan="2"></td><td rowspan="2" colspan="3">数控加工工艺卡</td><td>产品代号</td><td colspan="2">零件名称</td><td colspan="2">零件图号</td></tr>
<tr><td></td><td colspan="2"></td><td colspan="2"></td></tr>
<tr><td colspan="2">工艺序号</td><td>程序编号</td><td colspan="2">夹具名称</td><td>夹具编号</td><td colspan="2">使用设备</td><td colspan="2">车间</td></tr>
<tr><td colspan="2"></td><td></td><td colspan="2"></td><td></td><td colspan="2"></td><td colspan="2"></td></tr>
<tr><td>工序号</td><td colspan="4">工序内容（加工面）</td><td>刀具号</td><td>刀具规格</td><td>主轴转速 /（r/min）</td><td>进给速度 /（mm/min）</td><td>铣削深度 /mm</td></tr>
<tr><td></td><td colspan="4"></td><td></td><td></td><td></td><td></td><td></td></tr>
<tr><td></td><td colspan="4"></td><td></td><td></td><td></td><td></td><td></td></tr>
<tr><td></td><td colspan="4"></td><td></td><td></td><td></td><td></td><td></td></tr>
<tr><td></td><td colspan="4"></td><td></td><td></td><td></td><td></td><td></td></tr>
<tr><td></td><td colspan="4"></td><td></td><td></td><td></td><td></td><td></td></tr>
<tr><td></td><td colspan="4"></td><td></td><td></td><td></td><td></td><td></td></tr>
<tr><td></td><td colspan="4"></td><td></td><td></td><td></td><td></td><td></td></tr>
<tr><td></td><td colspan="4"></td><td></td><td></td><td></td><td></td><td></td></tr>
<tr><td></td><td colspan="4"></td><td></td><td></td><td></td><td></td><td></td></tr>
<tr><td></td><td colspan="4"></td><td></td><td></td><td></td><td></td><td></td></tr>
<tr><td>编制</td><td colspan="2"></td><td>审核</td><td></td><td>批准</td><td colspan="2"></td><td colspan="2">共__页　第__页</td></tr>
</table>

三、编制数控加工程序

1. 编制模板程序

编制模板程序（程序开始与结束），完成表 3-25 的填写。

表 3-25　程序开始与结束

程序段号	加工程序	程序说明
N10		
N20		
N30		
N40		
N50		

续表

程序段号	加工程序	程序说明
N60		
N70		
…		
…		
N150		
N160		
N170		

2. 编制对刀程序

在自动加工中，为避免对刀错误造成零件不合格或者安全风险，可以在运行程序加工前，先利用对刀程序进行预判，从而降低错误率。试根据实际情况编制对刀程序，完成表 3-26 的填写。

表 3-26　对刀程序

程序段号	加工程序	程序说明

3. 编制换刀程序

查阅资料，编制本任务加工所用加工中心的换刀程序。

4. 编制五环槽加工程序

（1）参考标牌零件仿真加工实例与镇尺零件加工图样，在图 3-15、图 3-16 中分别添加五环槽加工尺寸。

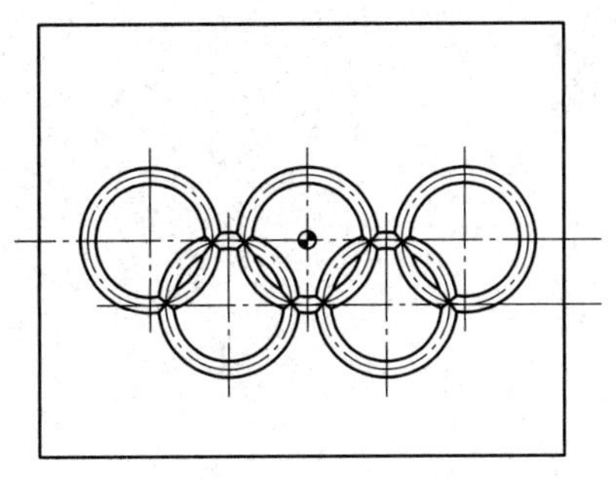

图 3-15　标牌零件仿真加工实例

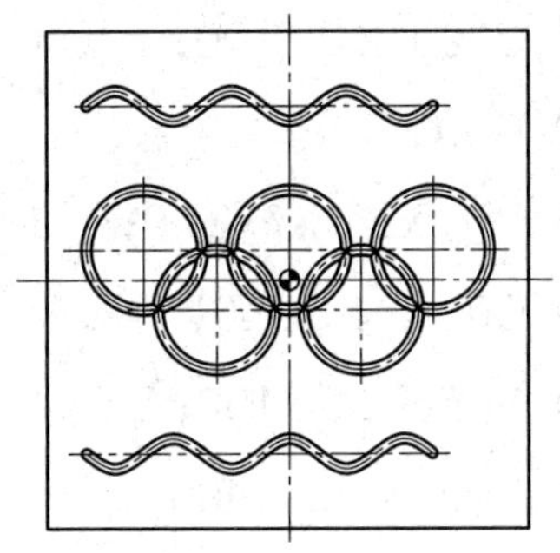

图 3-16　镇尺零件加工图样

（2）对比分析图 3-15 与图 3-16 中五环槽的异同点。

（3）编制镇尺零件五环槽程序（直接在以下程序中修改）。

```
O0200;
N10  G90 G94 G21 G40 G17 G54;
N20  G91 G28 Z0;
N30  M03 S3000 M08;
N40  G90 G00 X-42.0 Y0;
N50              Z5.0;
N60  G01 Z-1.5 F40;
N70  G02 I12.0 F100;
N80  G00 Z3.0;
N90        X-12.0 Y0;
N100  G01 Z-1.5 F40;
N110  G02 I12.0 F100;
N120  G00 Z3.0;
N130        X18.0 Y0;
N140  G01 Z-1.5 F40;
N150  G02 I12.0 F100;
```

```
N160 G00 Z3.0;
N170      X-15.0 Y-24.0;
N180 G01 Z-1.5 F40;
N190 G02 J12.0 F100;
N200 G00 Z3.0;
N210      X15.0 Y-24.0;
N220 G01 Z-1.5 F40;
N230 G02 J12.0 F100;
N390 G00 Z100.0 M09;
N400 M05;
N410 M30;
```

5. 编制正弦曲线槽数控加工程序

（1）在图 3-13 中标出编程原点，绘制 *X*、*Y*、*Z* 坐标轴。

（2）编制正弦曲线槽的数控加工程序（表 3-27）。

表 3-27　正弦曲线槽的数控加工程序

程序段号	加工程序	程序说明

学习活动❷ 镇尺零件的加工

一、加工准备

1. 工、量、刃具准备

根据镇尺零件的加工需要，填写工、量、刃具清单（表 3-28），并领取工、量、刃具。

表 3-28 工、量、刃具清单

序号	名称	规格	数量	备注

2. 领取毛坯

领取毛坯并测量毛坯尺寸，判断毛坯是否有足够的加工余量。

3. 选择切削液

根据加工对象及所用刀具，领取本次加工所用切削液，写出切削液牌号。

二、加工零件

1. 完成零件加工。

2. 根据小组成员完成情况，修改、完善加工工艺。

三、保养机床、清理场地

按照 6S 管理的要求保养机床、清理场地。

学习活动❸　镇尺零件的加工质量检测与分析

一、明确检测要素，领取检测量具

1. 镇尺零件有哪些关键尺寸需要检测？说明原因及检测方法。

2. 根据镇尺零件的检测要素，领取量具并说明检测内容，填入表 3-29 中。

表 3-29　量具及检测内容

序号	量具名称及规格	检测内容

二、加工质量检测

按表 3-30 所列项目和技术要求检测加工零件，将检测结果填入检测记录栏，并根据评分标准给出得分。

表 3-30　加工质量检测

零件编号			总得分			
项目与权重	序号	技术要求	配分	评分标准	检测记录	得分
任务评分（60%）	1	“笑脸”槽位置正确	10	每处错误扣 2 分		
	2	“笑脸”槽形状正确	10	每处错误扣 2 分		
	3	“五环”槽位置正确	10	每处错误扣 2 分		
	4	“五环”槽形状正确	10	每处错误扣 2 分		
	5	正弦曲线槽位置正确	10	每处错误扣 2 分		
	6	正弦曲线槽形状正确	10	每处错误扣 2 分		
程序与加工工艺（20%）	7	程序格式规范	5	每处不规范扣 1 分		
	8	程序正确、完整	5	每处错误扣 1 分		
	9	加工工艺合理	5	每处不合理扣 1 分		
	10	程序参数设置合理	5	每处不合理扣 1 分		
机床操作（10%）	11	对刀及坐标系设定正确	3	每处错误扣 1 分		
	12	机床操作面板操作正确	2	每处错误扣 1 分		
	13	进给操作正确	3	每处错误扣 1 分		
	14	意外情况处理合理	2	每处不合理扣 1 分		
安全文明生产（10%）	15	遵守安全生产规程	5	每处错误扣 1 分		
	16	机床维护与保养正确	3	每处错误扣 1 分		
	17	工作场所整理合格	2	不合格不得分		

三、加工质量分析

分析不合格项目的产生原因，提出改进意见，填写表 3-31。

表 3-31　加工质量分析

序号	不合格项目	产生原因	改进意见

续表

序号	不合格项目	产生原因	改进意见

四、量具保养与归还

对所用量具进行规范保养并归还。

五、工作总结

1. 通过镇尺零件的数控编程与加工，你学到哪些知识与技能？试从工艺制定方面、编程方面、加工操作方面、测量方面等进行阐述。

2. 试分析和总结在本任务完成过程中获得的经验和存在的不足。

____

____

____

____

____

____

____

____

____

____

____

____

____

巩固与提高

一、填空题（将正确答案填写在横线上）

1. 不同系统的加工中心，换刀动作均可分成__________和__________两个基本动作。

2. 将FANUC系统加工中心刀库中的一号刀转到换刀位置的指令是__________，将刀库中换刀位置的刀具与主轴上的刀具进行自动交换的指令是__________。

3. 我国使用的刀柄常分成______、______、ST和CAT等几种系列。

4. 主轴准停指令为________，暂停功能指令为_________。

5. 粗加工时，由于切削力较大，因此一般选择____________夹头进行装夹。

二、判断题（正确的打“√”，错误的打“×”）

1. G01、G02、G03、G04指令均属于模态指令。（　　）

2. 某不带机械手换刀的加工中心，刀库中有24个刀位，则机床一共可装25把刀具。（　　）

3. 加工中心和数控车床一样，换刀点的位置是任意的。（　　）

4. A型拉钉用于带钢球的拉紧装置，B型拉钉用于不带钢球的拉紧装置。（　　）

5. 加工中心一定带有主轴准停功能。（　　）

三、选择题（将正确答案的代号填入括号内）

1. 切削刀具通过（　　）与数控机床主轴连接。

A. 刀柄　　B. 刀杆　　C. 夹头　　D. 中间模块

2. 数控铣床刀柄一般采用（　　）锥面与主轴锥孔配合定位。

A. 24 ∶ 7　　B. 1 ∶ 20　　C. 20 ∶ 1　　D. 7 ∶ 24

3. 通过（　　）的使用，可提高刀柄的通用性。

A. 刀柄　　B. 拉钉　　C. 夹头　　D. 中间模块

4. 指令“G03 G02 G01 G00 X100.0…；”中实际有效的指令是（　　）。

A. G00　　B. G03　　C. G02　　D. G01

5. FANUC 系统中，指令“G04 X10.0；”表示刀具（　　）。

A. 增量移动 10.0 mm　　B. 到达绝对坐标点 *X*10.0 处

C. 暂停 10 s　　D. 暂停 0.01 s

四、编程题

试补充完成刀具中心在 *XY* 平面内从 1 点开始顺时针走回 1 点（见图 3-17）的程序段的编写。

O22；

G94 G40 G54 G21；

…

G01 X35.0 Y0 F100；（1 点）

G00 Z-1.0；

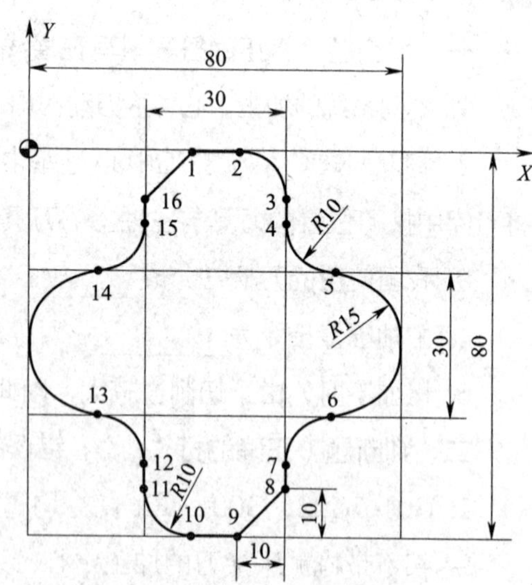

图 3-17　编程练习题

…

M30；

项目四
铣削轮廓类零件

任务❶ 模具型芯零件加工

任务描述

车间现接到某企业的模具型芯零件加工订单，订单数量为 10 件，模具型芯零件图如图 4-1 所示，用于生产如图 4-2 所示的塑料件。模具型芯零件的毛坯材料为 45 钢，毛坯尺寸为 80 mm × 80 mm × 16 mm，试在加工中心上完成该零件的加工。

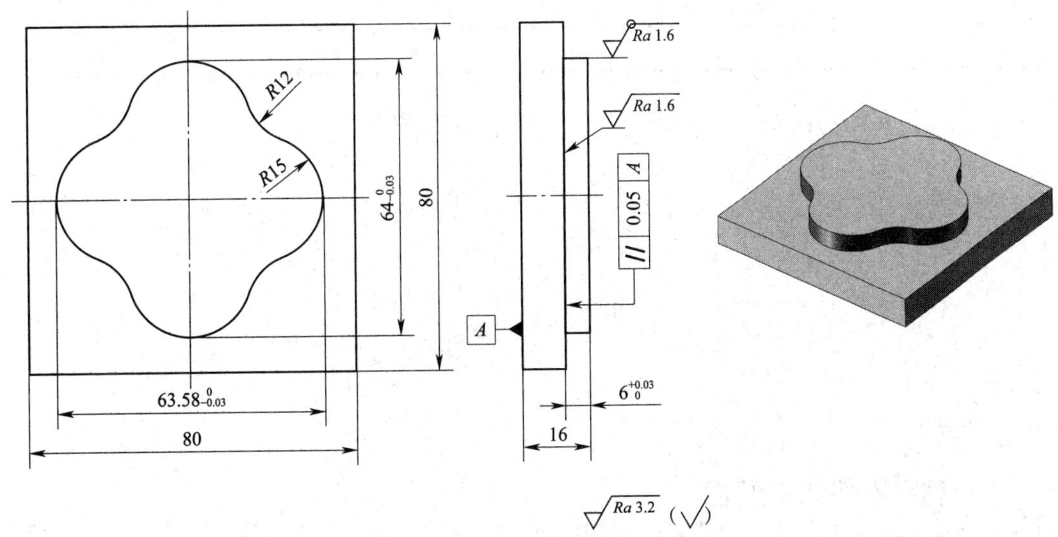

图 4-1 模具型芯零件

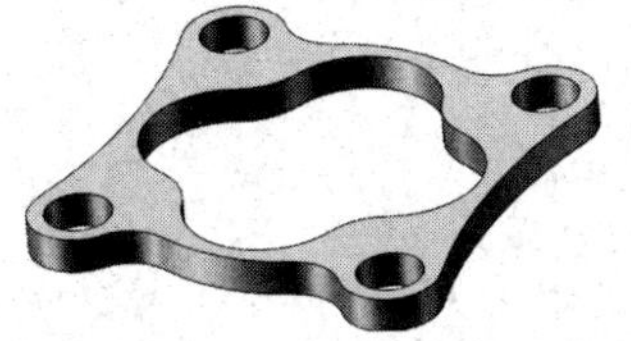

图 4-2 塑料件

学习活动❶ 模具型芯零件的加工工艺分析与编程

一、分析零件图，明确加工要求

1. 分析工作任务，写出本任务要加工的毛坯材料、毛坯尺寸和零件数量。

2. 分析零件图，明确加工内容（表面）及加工要求，完成表 4-1 的填写，为制定加工工艺做准备。

表 4-1 模具型芯零件的加工内容（表面）及加工要求

序号	加工内容（表面）	加工要求

3. 查阅资料，写出图 4-1 中所有尺寸的极限偏差数值。

二、制定零件加工工艺

1. 选择加工方法

根据模具型芯零件的加工要求，选择加工方法。

2. 选择夹紧方案及夹具

根据模具型芯零件的特点选择夹紧方案及夹具。

3. 选择刀具

选择什么刀具进行加工？刀具材料是什么？列出刀具各参数。

4. 确定加工顺序

根据模具型芯零件的加工要求和结构特点，确定各加工表面的加工顺序，填写表 4-2。

表 4-2　模具型芯零件加工顺序

序号	加工内容（加工表面）	刀具号	刀具名称与规格	刀具材料

5. 设计加工路线

(1) 加工路线合理性判断

根据加工要求设计模具型芯零件轮廓可能的精加工路线，并填写表 4-3。

表 4-3　模具型芯零件轮廓可能的精加工路线

序号	可能的精加工路线	合理性判断	顺、逆铣判断，切入方向判断	下刀点（A 点）位置
1	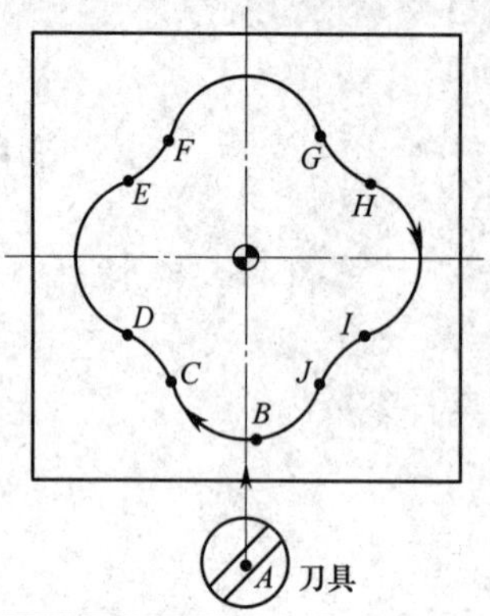 E F G H D I C J B A 刀具	□合理 □不合理	□顺铣 □逆铣 □法向切入 □切向切入	X______ Y______
2	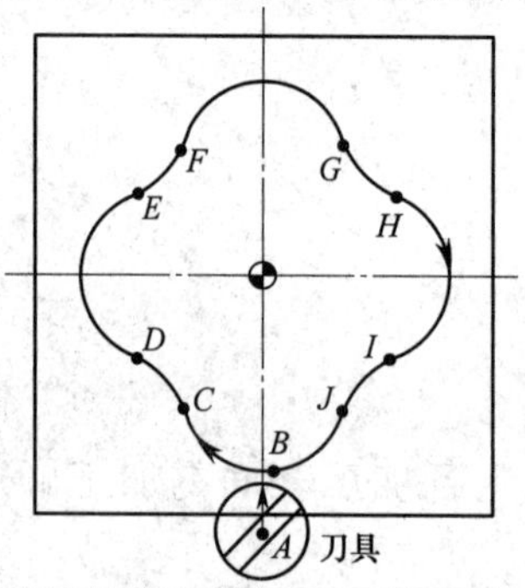 E F G H D I C J B A 刀具	□合理 □不合理	□顺铣 □逆铣 □法向切入 □切向切入	X______ Y______
3	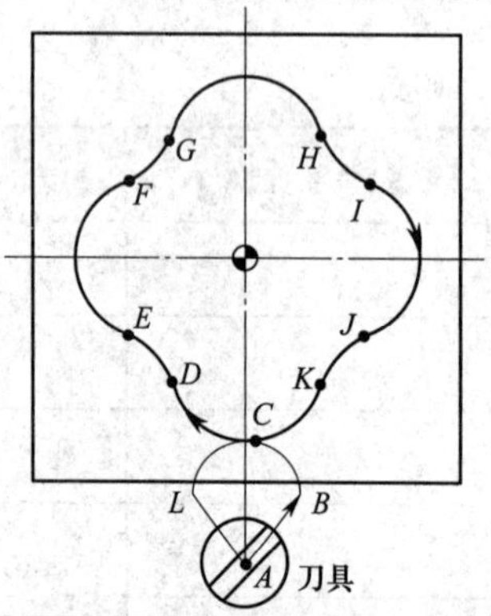 G H F I E J D K C L B A 刀具	□合理 □不合理	□顺铣 □逆铣 □法向切入 □切向切入	X______ Y______
4	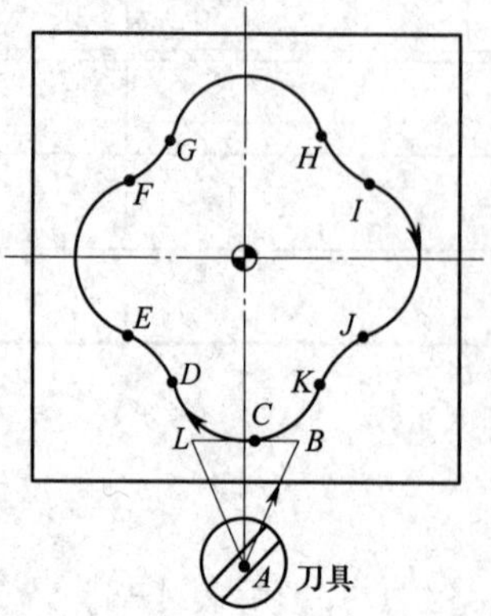 G H F I E J D K C L B A 刀具	□合理 □不合理	□顺铣 □逆铣 □法向切入 □切向切入	X______ Y______

（2）简述判断加工路线设计合理性的方法。

6. 确定切削用量

根据实际加工情况，写出本任务所用切削用量的具体数值。

7. 填写数控加工工艺卡

完成模具型芯零件数控加工工艺卡（表 4-4）的填写。

表 4-4　模具型芯零件数控加工工艺卡

<table>
<tr><td rowspan="2">单位</td><td rowspan="2"></td><td rowspan="2" colspan="2">数控加工工艺卡</td><td>产品代号</td><td>零件名称</td><td>零件图号</td></tr>
<tr><td></td><td></td><td></td></tr>
<tr><td>工艺序号</td><td>程序编号</td><td colspan="2">夹具名称</td><td>夹具编号</td><td>使用设备</td><td>车间</td></tr>
<tr><td></td><td></td><td colspan="2"></td><td></td><td></td><td></td></tr>
<tr><td>工序号</td><td>工序内容（加工面）</td><td>刀具号</td><td>刀具规格</td><td>主轴转速 /（r/min）</td><td>进给速度 /（mm/min）</td><td>铣削深度 /mm</td></tr>
<tr><td></td><td></td><td></td><td></td><td></td><td></td><td></td></tr>
<tr><td></td><td></td><td></td><td></td><td></td><td></td><td></td></tr>
<tr><td></td><td></td><td></td><td></td><td></td><td></td><td></td></tr>
<tr><td></td><td></td><td></td><td></td><td></td><td></td><td></td></tr>
<tr><td></td><td></td><td></td><td></td><td></td><td></td><td></td></tr>
<tr><td></td><td></td><td></td><td></td><td></td><td></td><td></td></tr>
<tr><td></td><td></td><td></td><td></td><td></td><td></td><td></td></tr>
<tr><td></td><td></td><td></td><td></td><td></td><td></td><td></td></tr>
<tr><td></td><td></td><td></td><td></td><td></td><td></td><td></td></tr>
<tr><td></td><td></td><td></td><td></td><td></td><td></td><td></td></tr>
<tr><td>编制</td><td></td><td>审核</td><td></td><td>批准</td><td></td><td>共__页　第__页</td></tr>
</table>

三、编制数控加工程序

1. 编程指令

（1）刀具半径补偿方向判断

思考加工路线与刀具半径补偿方向之间的关系，完成表 4-5 的填写。

表 4-5　刀具半径补偿方向判断

序号	轮廓加工路线	顺、逆铣判断	刀具半径补偿方向判断	刀具半径补偿指令
1	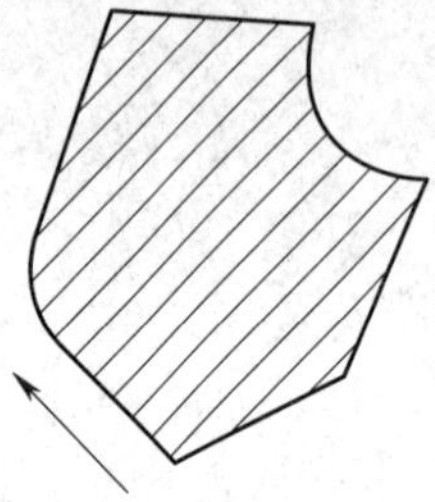 铣削外轮廓	□顺铣 □逆铣	□左刀补 □右刀补	□ G41 □ G42
2	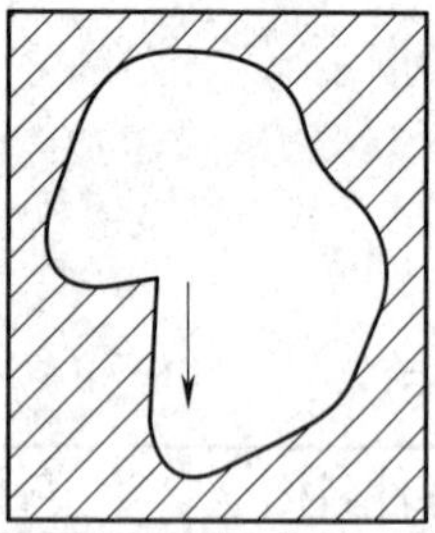 铣削内轮廓	□顺铣 □逆铣	□左刀补 □右刀补	□ G41 □ G42

（2）写出刀具半径补偿指令 G41、G42 的格式及其含义。

（3）刀具半径补偿过程分为哪三步？刀具半径补偿的注意事项有哪些？

（4）编程练习

编程练习件如图 4-3 所示，已知毛坯尺寸为 50 mm × 50 mm × 15 mm，毛坯材料为 45 钢，毛坯已完成轮廓粗加工，现计划采用 ϕ16 mm 的立铣刀完成轮廓精加工。试编制轮廓精加工程序（在图 4-3 中标出编程原点，绘制轮廓精加工路线）。

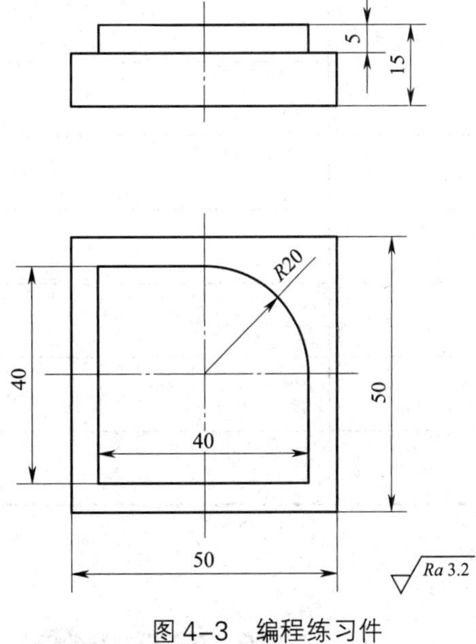

图 4-3 编程练习件

2. 编制模具型芯零件数控加工程序

（1）在图 4-1 中标出编程原点，绘制 X、Y、Z 坐标轴。

（2）编制模具型芯零件的数控加工程序（表 4-6）。

表 4-6　模具型芯零件的数控加工程序

程序段号	加工程序	程序说明

学习活动❷　模具型芯零件的加工

一、加工准备

1. 工、量、刃具准备

根据模具型芯零件的加工需要，填写工、量、刃具清单（表 4-7），并领取工、量、刃具。

表4-7　工、量、刃具清单

序号	名称	规格	数量	备注

2. 领取毛坯

领取毛坯并测量毛坯尺寸，判断毛坯是否有足够的加工余量。

3. 选择切削液

根据加工对象及所用刀具，领取本次加工所用切削液，写出切削液牌号。

二、加工零件

1. 模具型芯零件轮廓粗加工

粗加工完毕，检测轮廓表面及底面有关尺寸是否符合后续加工要求。若不符合要求，根据加工余量情况，修改刀补参数。

2. 模具型芯零件轮廓精加工

精加工完毕，检测轮廓表面及底面有关尺寸是否符合图样要求。若不符合要求，根据加工余量情况，确定是否进行修整加工，若能修整，则修整加工至图样要求。简述检测及修整情况。

3. 根据小组成员完成情况，修改、完善加工工艺。

三、保养机床、清理场地

按照 6S 管理的要求保养机床、清理场地。

学习活动③ 模具型芯零件的加工质量检测与分析

一、明确检测要素，领取检测量具

1. 模具型芯零件有哪些关键尺寸需要检测？说明原因及检测方法。

2. 根据模具型芯零件的检测要素，领取量具并说明检测内容，填入表 4-8 中。

表 4-8　量具及检测内容

序号	量具名称及规格	检测内容

二、加工质量检测

按表 4-9 所列项目和技术要求检测加工零件，将检测结果填入检测记录栏，并根据评分标准给出得分。

表 4-9　加工质量检测

零件编号			总得分			
项目与权重	序号	技术要求	配分	评分标准	检测记录	得分
任务评分（70%）	1	$64_{-0.03}^{0}$ mm	10	超差不得分		
	2	$63.58_{-0.03}^{0}$ mm	10	超差不得分		
	3	$6_{0}^{+0.03}$ mm	10	超差不得分		
	4	平行度 0.05 mm	10	超差不得分		
	5	$R12$ mm	10	超差不得分		
	6	$R15$ mm	10	超差不得分		
	7	$Ra1.6$ μm	10	降级不得分		
程序与加工工艺（10%）	8	程序格式规范	3	每处不规范扣 1 分		
	9	程序正确、完整	2	每处错误扣 1 分		
	10	加工工艺合理	3	每处不合理扣 1 分		
	11	程序参数设置合理	2	每处不合理扣 1 分		

续表

项目与权重	序号	技术要求	配分	评分标准	检测记录	得分
机床操作（10%）	12	对刀及坐标系设定正确	3	每处错误扣 1 分		
	13	机床操作面板操作正确	2	每处错误扣 1 分		
	14	进给操作正确	3	每处错误扣 1 分		
	15	意外情况处理合理	2	每处不合理扣 1 分		
安全文明生产（10%）	16	遵守安全生产规程	5	每处错误扣 1 分		
	17	机床维护与保养正确	3	每处错误扣 1 分		
	18	工作场所整理合格	2	不合格不得分		

三、加工质量分析

分析不合格项目的产生原因，提出改进意见，填写表 4-10。

表 4-10　加工质量分析

序号	不合格项目	产生原因	改进意见

四、量具保养与归还

对所用量具进行规范保养并归还。

五、工作总结

1. 通过模具型芯零件的数控编程与加工，你学到哪些知识与技能？试从工艺制定方面、编程方面、加工操作方面、测量方面等进行阐述。

2. 试分析和总结在本任务完成过程中获得的经验和存在的不足。

巩固与提高

一、填空题（将正确答案填写在横线上）

1. 数控机床根据实际__________尺寸自动改变坐标轴位置，使实际加工轮廓和编程轨迹完全一致的功能，称为刀具补偿功能。刀具补偿分__________和__________两种。

2. 立铣刀设在 D01 中的半径补偿值为 8，执行指令“N10 G90 G41 G01 X20.0 Y20.0 D01 F100；N20 Y40.0；N30 X40.0；N40 G40 X0 Y0；”后，刀具刀位点的绝对坐标值依次为（____，____）、（____，____）、（____，____）和（____，____）。

二、判断题（正确的打“√”，错误的打“×”）

1. 一般情况下，加工中心采用刀具半径补偿编程可以简化编程中的数值计算，从而实现简化编程的目的。（　　）

2. 当使用刀具补偿时，刀具号必须与刀具偏置号相同，否则机床会执行错误。（　　）

3. 对于没有刀具半径补偿功能的数控系统，编程时不需要计算刀具中心的运行轨迹，可按零件轮廓编程。（　　）

4. 在工件轮廓的拐角处采用圆弧过渡的刀具半径补偿形式是 B 型刀补。（　　）

三、选择题（将正确答案的代号填入括号内）

1. 指令“G41 G01 X16.0 Y16.0 D16”中的 D16 表示（　　）。

A. 刀具的直径是 16 mm　　B. 刀具的半径是 16 mm

C. 刀具表的地址是 16　　D. 刀具在半径方向的偏移量是 16 mm

2. 用 ϕ16 mm 铣刀按零件实际轮廓编程加工内轮廓，用刀具半径补偿保留 0.2 mm 的精加工余量，则设置在该刀具半径补偿存储器中的值为（　　）。

A. 16.2　　B. 15.8　　C. 7.8　　D. 8.2

四、作图题

根据下面的程序，在图 4-4 中画出刀具中心在 *XY* 平面内的运行轨迹。

```
O002;（工件外轮廓精加工，φ10 mm 立铣刀）
N10  G90 G94 G54 G40;
…
N40  G00 X-10.0 Y-10.0;              (A)
N50  G01 G41 X0 D01 F100;            (B)
N60           Y40.0;                 (C)
N65           X25.0;                 (D)
N70  G91 G02 X15.0 Y-15.0 R15.0;     (E)
N80  G01      Y-25.0;                (F)
N90  G90      X15.0;                 (G)
N95  G03 X0 Y15.0 R15.0;             (H)
N100  G01 X-10.0;                    (I)
N110  G40 G00 Y-10.0;                (J)
…
N200  M30;
```

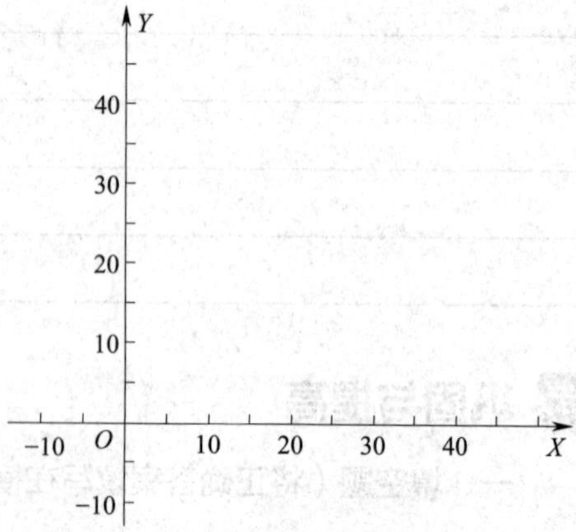

图 4-4　刀具中心运行轨迹

五、编程题

选择 ϕ10 mm 立铣刀加工如图 4-5 所示工件，已知毛坯尺寸为 50 mm × 50 mm × 15 mm，毛坯材料为 45 钢，其粗加工程序如下。试在程序错误处划横线并改正，在程序不完整处添加程序。

```
     O111 ;
N10  G90 G20 G95 G80 G49;
N30  M03 S600;
N40  G00 X40.0 Y40.0;
N50        Z20.0;
N60  G01 Z- 5.0;
N110  G01 G42 Y20.0;
N120              X-10.0 ;
N130  G03 X-20.0 Y10.0;
N140  G01 Y0 ;
N150  G02 X0 Y-20.0 R10.0;
N160  G01 X20.0;
N170        Y40;
N180  G40 G01 X40.0;
N200  G00 Z50.0;
N210  M04;
N220  M30;
```

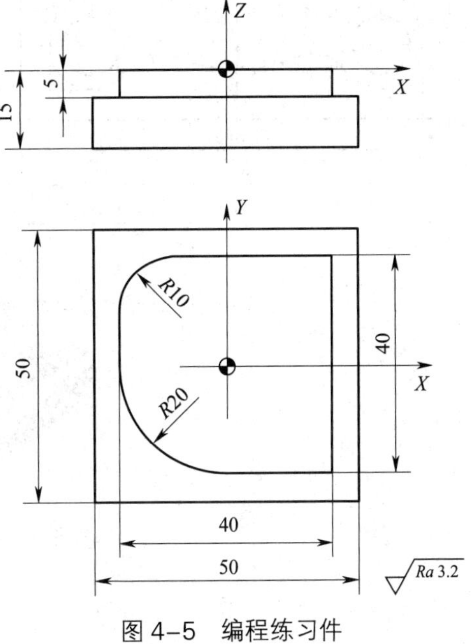

图 4-5　编程练习件

任务❷　模具型腔零件加工

任务描述

延续上个工作任务的模具产品加工，加工模具型腔零件，零件图如图 4-6 所示。毛坯材料为 45 钢，毛坯尺寸为 90 mm × 90 mm × 16 mm，试在加工中心上完成该零件的加工。

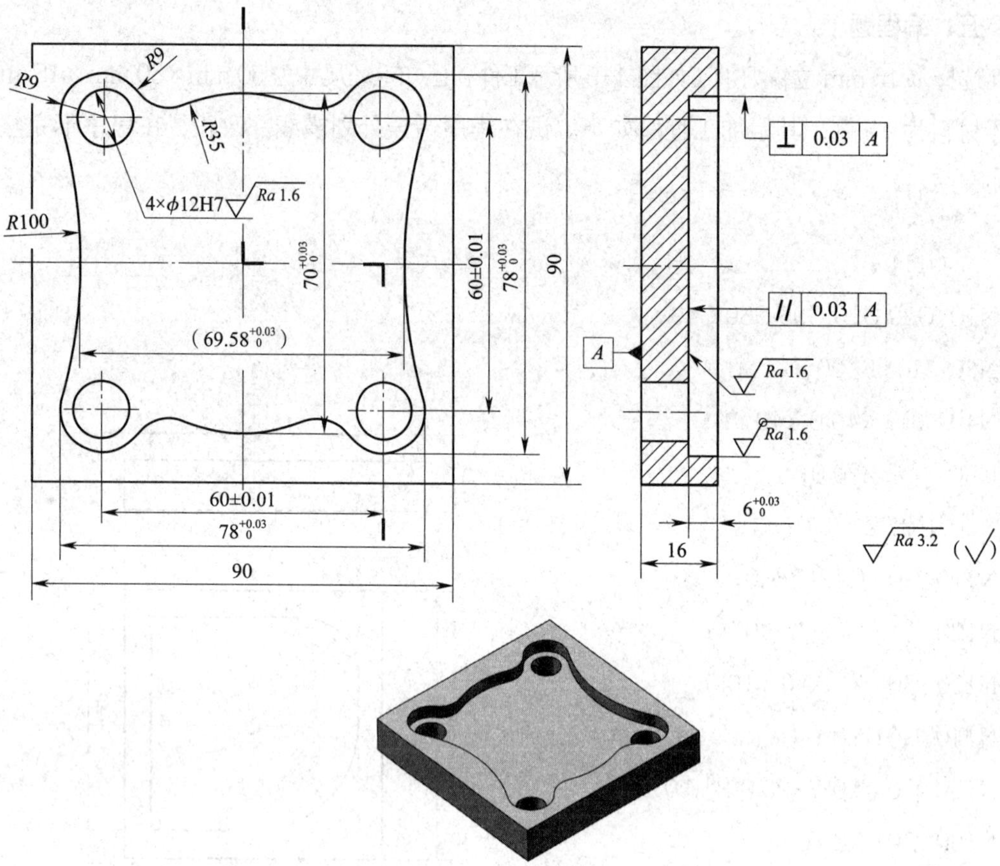

图 4-6　模具型腔零件

学习活动❶　模具型腔零件的加工工艺分析与编程

一、分析零件图，明确加工要求

1. 分析工作任务，写出本任务要加工的毛坯材料、毛坯尺寸和零件数量。

2. 分析零件图，明确加工内容（表面）及加工要求，完成表 4-11 的填写，为制定加工工艺做准备。

表 4-11　模具型腔零件的加工内容（表面）及加工要求

序号	加工内容（表面）	加工要求

二、制定零件加工工艺

1. 选择加工方法

（1）加工内轮廓时的 Z 向进刀方法有哪些？

（2）根据模具型腔零件的加工要求，选择加工方法。

2. 选择夹紧方案及夹具

根据模具型腔零件的特点选择夹紧方案及夹具。

3. 选择刀具

选择什么刀具进行加工？刀具材料是什么？列出刀具各参数。

4. 确定加工顺序

根据模具型腔零件的加工要求和结构特点，确定各表面的加工顺序，完成表 4-12 的填写。

表 4-12　模具型腔零件加工顺序

序号	加工内容（加工表面）	刀具号	刀具名称与规格	刀具材料

5. 设计加工路线

根据加工要求设计两条不同的模具型腔零件轮廓精加工路线，填写表 4-13。

表 4-13　模具型腔零件轮廓精加工路线

序号	轮廓精加工路线	顺铣逆判断、切入方向判断	下刀点位置
1		□顺铣 □逆铣 □法向切入 □切向切入	*X*______ *Y*______
2		□顺铣 □逆铣 □法向切入 □切向切入	*X*______ *Y*______

6. 确定切削用量

根据实际加工情况，写出任务加工所用切削用量的具体数值。

7. 填写数控加工工艺卡

完成模具型腔零件数控加工工艺卡（表 4-14）的填写。

表 4-14　模具型腔零件数控加工工艺卡

<table>
<tr><td rowspan="2">单位</td><td rowspan="2"></td><td rowspan="2" colspan="2">数控加工工艺卡</td><td>产品代号</td><td>零件名称</td><td>零件图号</td></tr>
<tr><td></td><td></td><td></td></tr>
<tr><td>工艺序号</td><td>程序编号</td><td colspan="2">夹具名称</td><td>夹具编号</td><td>使用设备</td><td>车间</td></tr>
<tr><td></td><td></td><td colspan="2"></td><td></td><td></td><td></td></tr>
</table>

工序号	工序内容（加工面）	刀具号	刀具规格	主轴转速 /（r/min）	进给速度 /（mm/min）	铣削深度（背吃刀量）/mm

编制		审核		批准		共__页　第__页

三、编制数控加工程序

1. 编程指令

（1）查阅相关资料，写出刀具长度补偿指令 G43、G44 的格式及其含义。

（2）假定用刀具长度补偿功能进行工件坐标系 Z 向零点偏置值的设定，若 2 号刀具比 1 号刀具短 50 mm，2 号刀具长度补偿存储器中的值为“-50”，则 1 号刀具长度补偿存储器中的值为多少？

2. 编制模具型腔零件数控加工程序

（1）在图 4-6 中标出编程原点，绘制 X、Y、Z 坐标轴。

（2）编制模具型腔零件的数控加工程序（表 4-15）。

表 4-15　模具型腔零件的数控加工程序

程序段号	加工程序	程序说明

续表

程序段号	加工程序	程序说明

学习活动❷　模具型腔零件的加工

一、加工准备

1. 工、量、刃具准备

根据模具型腔零件的加工需要，填写工、量、刃具清单（表 4-16），并领取工、量、刃具。

表 4-16　工、量、刃具清单

序号	名称	规格	数量	备注

2. 领取毛坯

领取毛坯并测量毛坯尺寸，判断毛坯是否有足够的加工余量。

3. 选择切削液

根据加工对象及所用刀具，领取本次加工所用切削液，写出切削液牌号。

二、加工零件

1. 模具型腔零件轮廓粗加工

粗加工完毕，检测轮廓表面及底面有关尺寸是否符合后续加工要求。若不符合要求，根据加工余量情况修改刀补参数。

2. 模具型腔零件轮廓精加工

精加工完毕，检测轮廓表面及底面有关尺寸是否符合图样要求。若不符合要求，根据加工余量情况确定是否进行修整加工，若能修整，则修整加工至图样要求。简述检测及修整情况。

3. 根据小组成员完成情况，修改、完善加工工艺。

三、保养机床、清理场地

按照 6S 管理的要求保养机床、清理场地。

学习活动❸ 模具型腔零件的加工质量检测与分析

一、明确检测要素，领取检测量具

1. 模具型腔零件有哪些关键尺寸需要检测？说明原因及检测方法。

2. 根据模具型腔零件的检测要素，领取量具并说明检测内容，填入表 4–17 中。

表 4–17 量具及检测内容

序号	量具名称及规格	检测内容

二、加工质量检测

按表 4-18 所列项目和技术要求检测加工零件，将检测结果填入检测记录栏，并根据评分标准给出得分。

表 4-18　加工质量检测

零件编号			总得分			
项目与权重	序号	技术要求	配分	评分标准	检测记录	得分
任务评分（66%）	1	$70^{+0.03}_{0}$ mm	6	超差不得分		
	2	$69.58^{+0.03}_{0}$ mm	6	超差不得分		
	3	$78^{+0.03}_{0}$ mm	6	超差不得分		
	4	$6^{+0.03}_{0}$ mm	6	超差不得分		
	5	平行度 0.03 mm	6	超差不得分		
	6	垂直度 0.03 mm	6	超差不得分		
	7	ϕ12H7	6	超差不得分		
	8	R9 mm	6	超差不得分		
	9	R35 mm	6	超差不得分		
	10	R100 mm	6	超差不得分		
	11	Ra1.6 μm	6	降级不得分		
程序与加工工艺（12%）	12	程序格式规范	3	每处不规范扣 1 分		
	13	程序正确、完整	3	每处错误扣 1 分		
	14	加工工艺合理	3	每处不合理扣 1 分		
	15	程序参数设置合理	3	每处不合理扣 1 分		
机床操作（12%）	16	对刀及坐标系设定正确	3	每处错误扣 1 分		
	17	机床操作面板操作正确	3	每处错误扣 1 分		
	18	进给操作正确	3	每处错误扣 1 分		
	19	意外情况处理合理	3	每处错误扣 1 分		
安全文明生产（10%）	20	遵守安全生产规程	5	每处错误扣 5 分		
	21	机床维护与保养正确	3	每处错误扣 1 分		
	22	工作场所整理合格	2	不合格不得分		

三、加工质量分析

分析不合格项目的产生原因，提出改进意见，填写表 4-19。

表 4-19　加工质量分析

序号	不合格项目	产生原因	改进意见

四、量具保养与归还

对所用量具进行规范保养并归还。

五、工作总结

1. 通过模具型腔零件的数控编程与加工，你学到哪些知识与技能？试从工艺制定方面、编程方面、加工操作方面、测量方面等进行阐述。

2. 试分析和总结在本任务完成过程中获得的经验和存在的不足。

____

____

____

____

____

____

____

____

____

____

____

____

____

巩固与提高

一、填空题（将正确答案填写在横线上）

1. 三轴联动螺旋线进刀指令是________________________。

2. FANUC 系统中刀具长度补偿“+”用指令____表示，刀具长度补偿“－”用指令________表示，G49 表示________________。

3. 模具铣刀是由________________发展而成的，模具铣刀的刀柄有直柄、削平直柄和________________等。

4. 常用轮廓铣削刀具主要有面铣刀、________、________、________和成型铣刀等。

二、判断题（正确的打“√”，错误的打“×”）

1. 采用机械手换刀，主轴必须准停。（　　）

2. 在加工中心上，指令“T0101；”表示换 01 号刀，选择 01 号刀补。（　　）

3. 指令“G02 X____Y____R____；”不能用于编写整圆的插补程序。（　　）

4. 面铣刀的端部切削刃为主切削刃。（　　）

5. 立铣刀可以进行垂直切深进刀，只是进给速度不能太大。（　　）

三、选择题（将正确答案的代号填入括号内）

1. FANUC 系统中，用于取消刀具长度补偿的指令是（　　）。

A. D00　　B. G49　　C. G40　　D. G44

2. FANUC 系统中，2 号刀具长度补偿存储器中的值“H02=30”，则执行程序段“G90 G00 Z0；G43 G00 Z-100.0 H02”后，刀具实际移动量为（　　）mm。

A. -130.0　　B. -100.0　　C. -70.0　　D. -30.0

3. 系统规定三轴联动加工中心的（　　）轴可采用刀具长度补偿。

A. *Z*　　B. *X*　　C. *Y*　　D. 所有

4. 利用刀具长度补偿功能进行工件坐标系 *Z* 向零点偏置值的设定，则设在刀具长度补偿存储器中的值为（　　）。

A. 负值　　B. 正值　　C. 零值　　D. 不确定

5. 数控系统中 G54 与（　　）的用途相同。

A. G92　　B. G50　　C. G56　　D. G53

6. 程序段“G90 G01 X0 Y50.0 F100；G03 X0 Y50.0 I0 J-50.0；”中描述整圆轮廓所有可以省略的程序字是（　　）。

A. X0、Y50.0　　B. X0、I0

C. X0、Y50.0、J-50.0　　D. X0、Y50.0、I0

四、简答题

判断图 4-7 所示两个加工状态分别是顺铣还是逆铣，并说明理由。

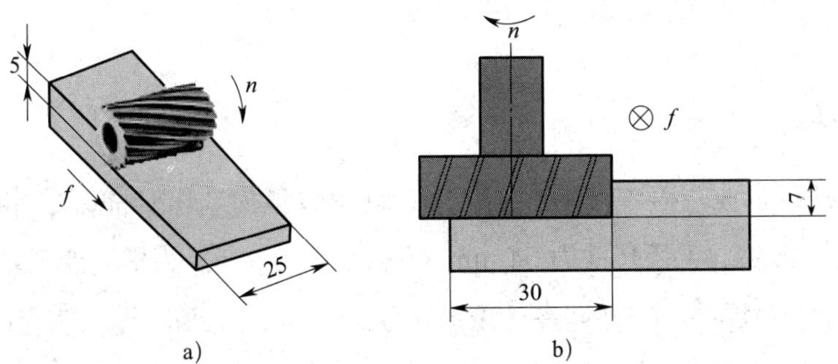

图 4-7　顺、逆铣判断

五、计算题

计算图 4-8 中 *A* 点至 *D* 点在 *XY* 平面内的坐标值。

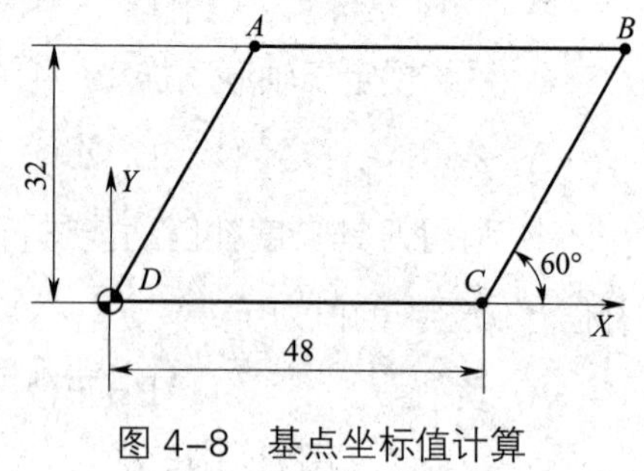

图 4-8　基点坐标值计算

任务❸　端盖零件加工

任务描述

车间现接到某企业端盖零件的加工订单，订单数量为 3 000 件，零件图如图 4-9 所示，毛坯材料为 45 钢，毛坯尺寸为 54 mm × 52 mm × 8 mm。为提高加工效率，制作了专用的工装夹具，4 件零件一次性装夹（见图 4-10），先加工孔，再以孔定位加工外轮廓，试编写其轮廓加工程序并完成加工。

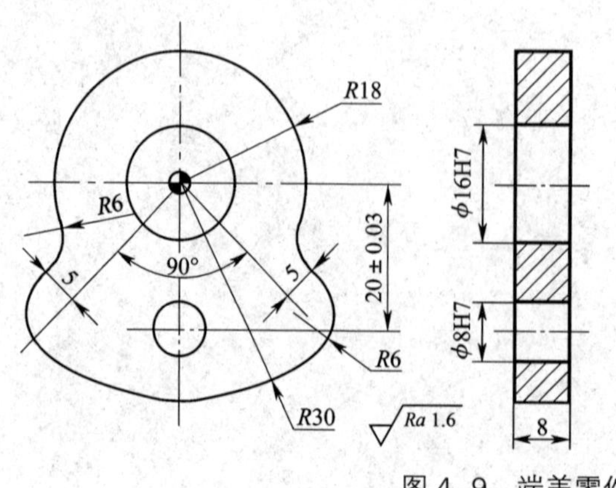

图 4-9　端盖零件

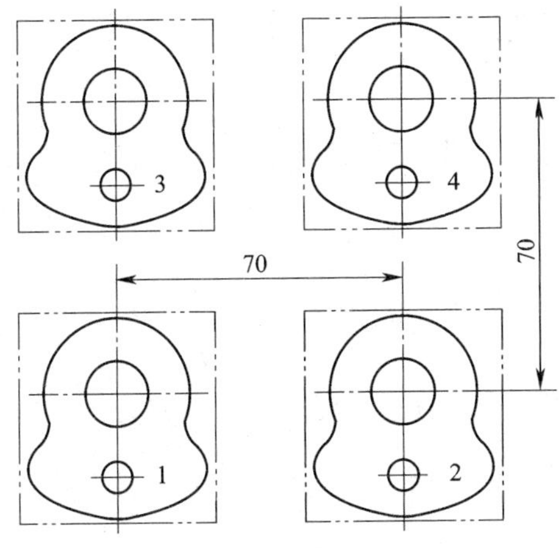

图 4-10 端盖零件加工装夹示意图

学习活动❶ 端盖零件的加工工艺分析与编程

一、分析零件图，明确加工要求

1. 分析工作任务，写出本任务要加工的毛坯材料、毛坯尺寸和零件数量。

2. 分析零件图，明确加工内容（表面）及加工要求，完成表 4-20 的填写，为制定加工工艺做准备。

表 4-20 端盖零件的加工内容（表面）及加工要求

序号	加工内容（表面）	加工要求

二、制定零件加工工艺

1. 选择加工方法

根据端盖零件的加工要求，选择加工方法。

2. 选择夹紧方案及夹具

根据端盖零件的特点选择夹紧方案及夹具。

3. 选择刀具

选择什么刀具进行加工？刀具材料是什么？列出刀具各参数。

4. 确定加工顺序

根据端盖零件的加工要求和结构特点，确定各表面的加工顺序，完成表 4-21 的填写。

表 4-21　端盖零件的加工顺序

序号	加工内容（加工表面）	刀具号	刀具名称与规格	刀具材料

5. 设计加工路线

根据实际加工情况，设计端盖零件轮廓可能的精加工路线，填写表 4-22。在图 4-11 中绘制精加工路线。

表 4-22　设计端盖零件轮廓可能的精加工路线

序号	可能的精加工路线	合理性判断	顺、逆铣判断，切入方向判断
1	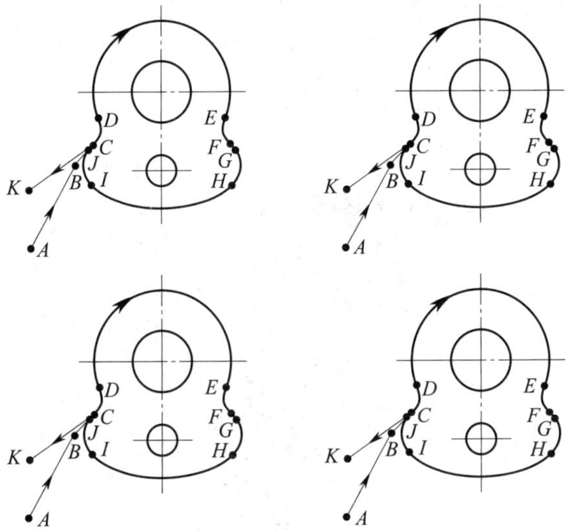 D E C F J G K B I H A (×4)	□合理 □不合理	□顺铣 □逆铣 □法向切入 □切向切入
2	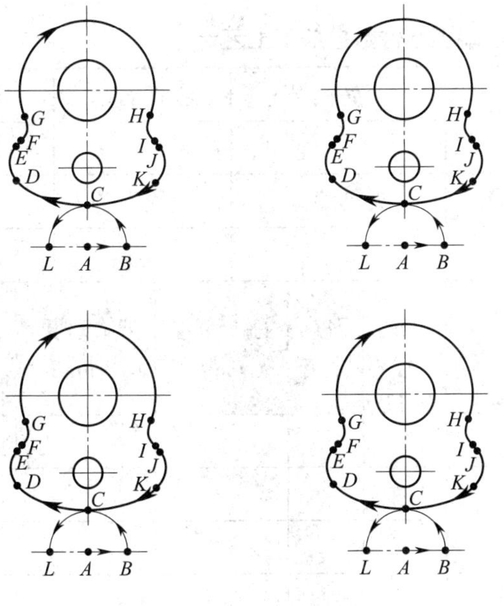 G H F I E J D K C L A B (×4)	□合理 □不合理	□顺铣 □逆铣 □法向切入 □切向切入

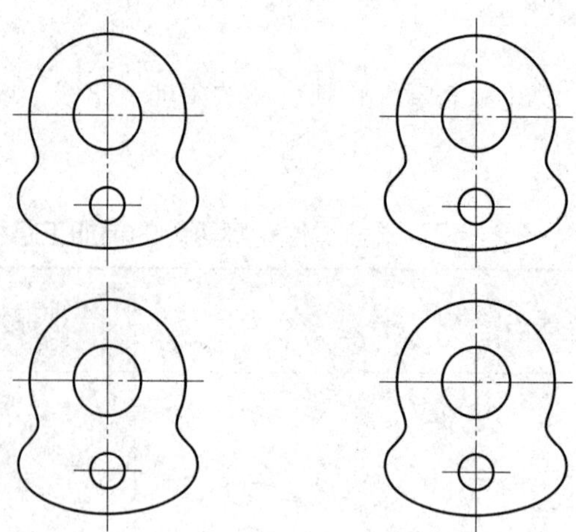

图 4-11　精加工路线绘制

6. 确定切削用量

根据实际加工情况，写出粗、精加工切削用量具体数值。

7. 填写数控加工工艺卡

完成端盖零件数控加工工艺卡（表 4-23）的填写。

表 4-23　端盖零件数控加工工艺卡

<table>
<tr><td rowspan="2">单位</td><td rowspan="2"></td><td rowspan="2">数控加工工艺卡</td><td>产品代号</td><td>零件名称</td><td>零件图号</td></tr>
<tr><td></td><td></td><td></td></tr>
<tr><td>工艺序号</td><td>程序编号</td><td>夹具名称</td><td>夹具编号</td><td>使用设备</td><td>车间</td></tr>
<tr><td></td><td></td><td></td><td></td><td></td><td></td></tr>
</table>

<table>
<tr><th>工序号</th><th>工序内容（加工面）</th><th>刀具号</th><th>刀具规格</th><th>主轴转速 /（r/min）</th><th>进给速度 /（mm/min）</th><th>铣削深度（背吃刀量）/ mm</th></tr>
<tr><td></td><td></td><td></td><td></td><td></td><td></td><td></td></tr>
<tr><td></td><td></td><td></td><td></td><td></td><td></td><td></td></tr>
<tr><td></td><td></td><td></td><td></td><td></td><td></td><td></td></tr>
<tr><td></td><td></td><td></td><td></td><td></td><td></td><td></td></tr>
</table>

续表

工序号	工序内容（加工面）			刀具号	刀具规格	主轴转速/（r/min）	进给速度/（mm/min）	铣削深度（背吃刀量）/mm
编制		审核		批准			共__页　第__页	

三、编制数控加工程序

1. 编程指令

（1）写出子程序格式。

（2）写出子程序调用格式。

（3）写出局部坐标系设定指令格式。

（4）编程练习

1）编程练习件如图 4-12 所示，试编制四方外轮廓（100 mm × 100 mm × 2 mm）精加工程序。已知毛坯尺寸为 110 mm × 110 mm × 20 mm，毛坯材料为 45 钢。

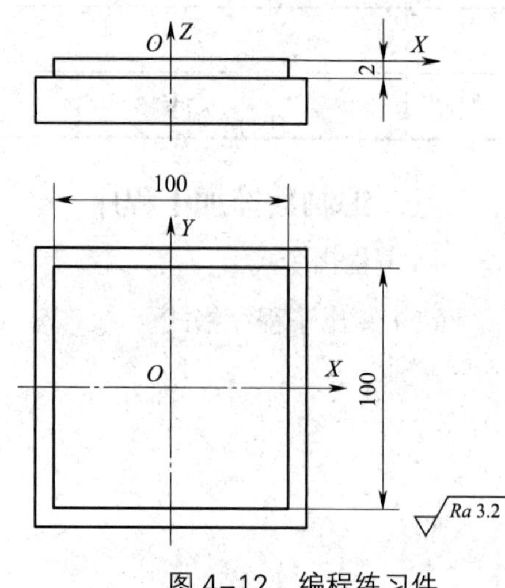

图 4-12　编程练习件

2）利用子程序完成图 4-13 所示四个四方外轮廓（100 mm × 100 mm × 5 mm）精加工程序的编制。已知毛坯尺寸为 500 mm × 110 mm × 25 mm，毛坯材料为 45 钢。

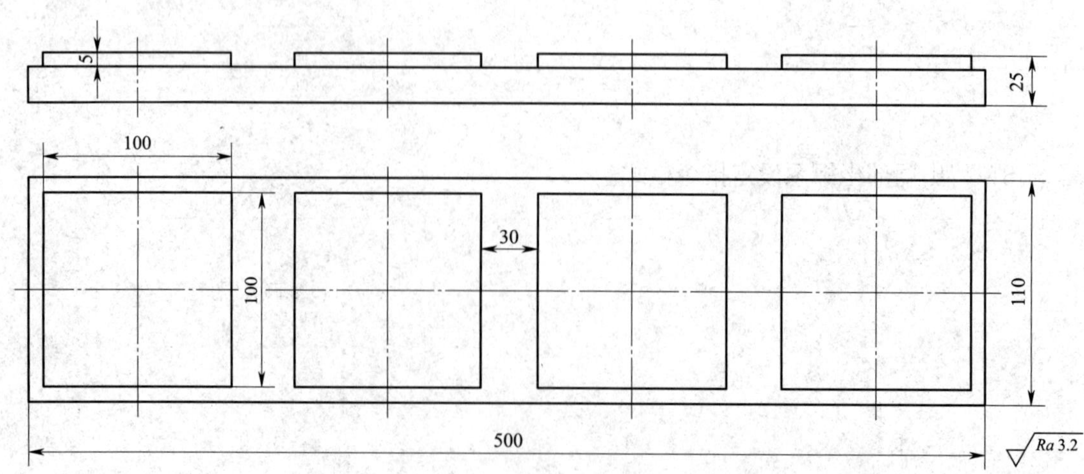

图 4-13　同平面内多个相同轮廓形状工件图样

2. 编制端盖零件数控加工程序

（1）在图 4-9 中标出编程原点，绘制 X、Y、Z 坐标轴。

（2）编制端盖零件的数控加工程序（表 4-24）。

表 4-24　端盖零件的数控加工程序

程序段号	加工程序	程序说明

学习活动❷　端盖零件的加工

一、加工准备

1. 工、量、刃具准备

根据端盖零件的加工需要，填写工、量、刃具清单（表 4-25），并领取工、量、刃具。

表 4-25　工、量、刃具清单

序号	名称	规格	数量	备注

2. 领取毛坯

领取毛坯并测量毛坯尺寸，判断毛坯是否有足够的加工余量。

3. 选择切削液

根据加工对象及所用刀具，领取本次加工所用切削液，写出切削液牌号。

二、加工零件

1. 完成零件加工。

2. 根据小组成员完成情况，修改、完善加工工艺。

三、保养机床、清理场地

按照 6S 管理的要求保养机床、清理场地。

学习活动❸ 端盖零件的加工质量检测与分析

一、明确检测要素，领取检测量具

1. 端盖零件有哪些关键尺寸需要检测？说明原因及检测方法。

2. 根据端盖零件的检测要素，领取量具并说明检测内容，填入表 4-26 中。

表 4-26 量具及检测内容

序号	量具名称及规格	检测内容

二、加工质量检测

按表 4-27 所列项目和技术要求检测加工零件，将检测结果填入检测记录栏，并根据评分标准给出得分。

表 4-27　加工质量检测

零件编号			总得分			
项目与权重	序号	技术要求	配分	评分标准	检测记录	得分
任务评分（66%）	1	R18 mm	6	超差不得分		
	2	R30 mm	6	超差不得分		
	3	R6 mm	6	超差不得分		
	4	（20 ± 0.03）mm	6	超差不得分		
	5	5 mm	6	超差不得分		
	6	ϕ16H7	6	超差不得分		
	7	ϕ8H7	6	超差不得分		
	8	90°	6	超差不得分		
	9	Ra1.6 μm	6	降级不得分		
	10	圆弧连接光滑过渡	6	不合格不得分		
	11	批量件质量一致性好	6	不合格不得分		
程序与加工工艺（12%）	12	程序格式规范	3	每处不规范扣 1 分		
	13	程序正确、完整	3	每处错误扣 1 分		
	14	加工工艺合理	3	每处不合理扣 1 分		
	15	程序参数设置合理	3	每处不合理扣 1 分		
机床操作（12%）	16	对刀及坐标系设定正确	3	每处错误扣 1 分		
	17	机床操作面板操作正确	3	每处错误扣 1 分		
	18	进给操作正确	3	每处错误扣 1 分		
	19	意外情况处理合理	3	每处不合理扣 1 分		
安全文明生产（10%）	20	遵守安全生产规程	5	每处错误扣 1 分		
	21	机床维护与保养正确	3	每处错误扣 1 分		
	22	工作场所整理合格	2	不合格不得分		

三、加工质量分析

分析不合格项目的产生原因，提出改进意见，填写表 4-28。

表 4-28　加工质量分析

序号	不合格项目	产生原因	改进意见

四、量具保养与归还

对所用量具进行规范保养并归还。

五、工作总结

1. 通过端盖零件的数控编程与加工，你学到哪些知识与技能？试从工艺制定方面、编程方面、加工操作方面、测量方面等进行阐述。

2. 试分析和总结在本任务完成过程中获得的经验和存在的不足。

巩固与提高

一、填空题（将正确答案填写在横线上）

1. FANUC 系统中与调用子程序有关的 M 代码是________和________，而与冷却液启用有关的 M 代码是________和________。

2. 对刀点的设置原则：便于____________和简化编程，便于找正，在加工中便于检查，引起的________小。

3. 在铣削零件的内、外轮廓表面时，刀具应尽量沿着轮廓的________方向切入、切出。

4. 子程序调用另一个子程序，这一功能称为子程序的________。一般情况下，FANUC 系统中的子程序可以嵌套____级。

5. FANUC 0i 系统指令“M98 P30 L30”中的 P30 表示________，L30 表示________。

二、判断题（正确的打“√”，错误的打“×”）

1. 加工中心加工工件时，不同工序内容的程序尽量不要安排在不同的子程序中，以便于程序的校验与调整。（ ）

2. 准备功能指令 G54 是模态指令，G52 是非模态指令。（ ）

3. FANUC 系统主程序和子程序的命名方式完全相同。（ ）

4. FANUC 系统指令“M98 P×××× L××××；”中省略 L××××，则表示调用子程序一次。（ ）

5. 子程序结束指令 M99 必须单独书写一行，否则执行时会产生错误。（ ）

6. 如果在主程序中执行 M99，则程序将返回到主程序的开头并继续执行程序。（ ）

7. 主程序中的模态指令 F、S、G90 等，不能沿用至子程序中，因此在子程序中必须重新编写这些指令。（ ）

8. 指令 G53 的功能是选择机床坐标系或取消坐标系零点偏置。（ ）

三、选择题（将正确答案的代号填入括号内）

1. 辅助功能分为两类：控制机床动作和控制程序执行。下列 M 指令中，控制机床动作的是（ ）。

A. M00　　B. M01　　C. M02　　D. M03

2. 执行指令“G54；G52 X30.0 Y20.0；G52 X20.0 Y30.0；G52 X30.0 Y40.0；”后，当前工件坐标系与 G54 坐标系的偏移量为（ ）。

A. X30.0 Y20.0　　B. X20.0 Y30.0　　C. X30.0 Y40.0　　D. X80.0 Y90.0

3. FANUC 系统中指令“M98 P50012；”表示（ ）。

A. 调用子程序 O5001 两次　　B. 调用子程序 O12 五次

C. 调用子程序 O50012 一次　　D. 子程序调用格式错误

4. 如果子程序的返回程序段为“M99 P100；”则表示（ ）。

A. 调用子程序 O100 一次　　B. 返回子程序 N100 程序段

C. 返回主程序 N100 程序段　　D. 返回主程序 O100

5. 如果主程序用指令“M98 P×× L5；”调用子程序，而子程序采用“M99 L2；”返回，则子程序重复执行的次数为（ ）次。

A. 1　　B. 2　　C. 5　　D. 3

6. 在现代数控系统中有子程序功能，并且子程序（ ）嵌套。

A. 只能有一层　　B. 可以有有限层　　C. 可以有无限层　　D. 不能

7. 通常采用右刀补进行内轮廓加工的是（ ）铣。

A. 顺　　B. 逆

C. 由工件的进给方向确定顺、逆　　　　　D. 不能确定顺、逆

四、编程题

加工如图 4-14 所示工件内轮廓，内轮廓要求铣穿，已知毛坯尺寸为 100 mm×70 mm×12 mm，毛坯材料为 45 钢，试绘制编程原点并编制数控铣加工程序。

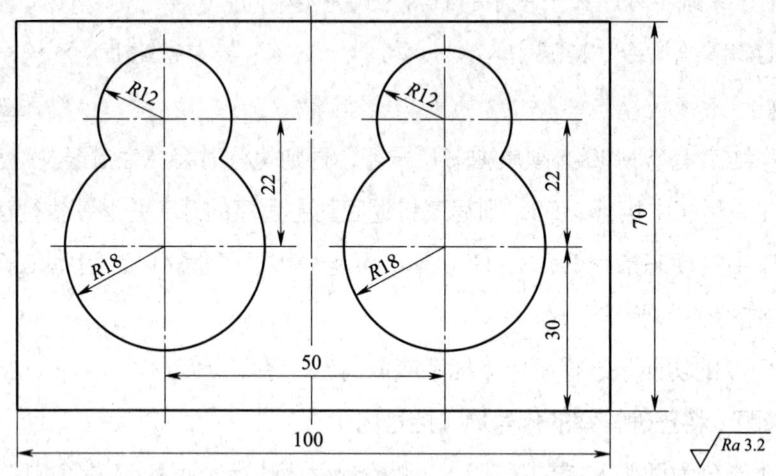

图 4-14　子程序编程练习件

任务❹ 结构零件加工

任务描述

车间现接到某企业结构零件的加工订单，订单数量为 100 件，零件图如图 4-15 所示，毛坯尺寸为 90 mm × 90 mm × 10 mm，毛坯材料为 45 钢。加工过程中先以外轮廓为基准装夹加工内型腔，再以内型腔为基准装夹加工外轮廓，试编写该零件数控加工程序并完成加工。

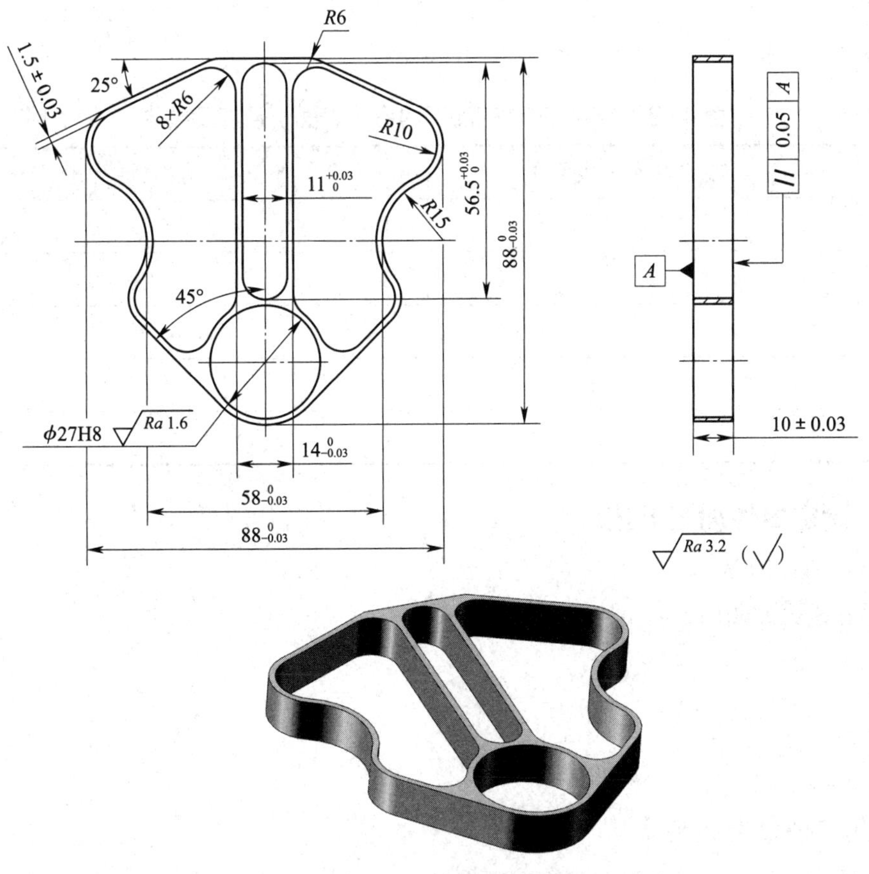

图 4-15　结构零件

学习活动❶ 结构零件的加工工艺分析与编程

一、分析零件图，明确加工要求

1. 分析工作任务，写出本任务要加工的毛坯材料、毛坯尺寸和零件数量。

2. 分析零件图，明确加工内容（表面）及加工要求，完成表 4-29 的填写，为制定加工工艺做准备。

表 4-29 结构零件的加工内容（表面）及加工要求

序号	加工内容（表面）	加工要求

二、制定零件加工工艺

1. 选择加工方法

根据结构零件的加工要求，选择加工方法。

2. 选择夹紧方案及夹具

根据结构零件的特点选择夹紧方案及夹具。

3. 选择刀具

选择什么刀具进行加工？刀具材料是什么？列出刀具各参数。

4. 确定加工顺序

根据结构零件的加工要求和结构特点，确定各表面的加工顺序，完成表 4-30 的填写。

表 4-30 结构零件的加工顺序

序号	加工内容（加工表面）	刀具号	刀具名称与规格	刀具材料

5. 设计加工路线

在图 4-16 中绘制结构零件精加工路线，并标出刀具进给方向。

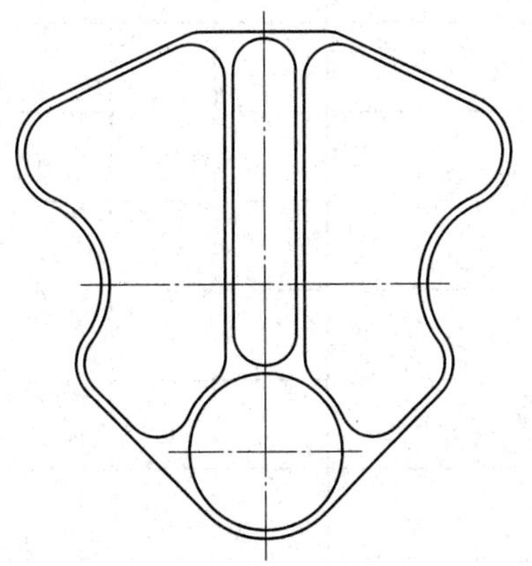

图 4-16 结构零件精加工路线绘制

6. 确定铣削用量

根据实际加工情况，写出本任务所用切削用量具体数值。

7. 填写数控加工工艺卡

完成结构零件数控加工工艺卡（表 4-31）的填写。

表 4-31　结构零件数控加工工艺卡

<table>
<tr><td rowspan="2">单位</td><td rowspan="2" colspan="2"></td><td rowspan="2" colspan="2">数控加工工艺卡</td><td>产品代号</td><td>零件名称</td><td colspan="2">零件图号</td></tr>
<tr><td></td><td></td><td colspan="2"></td></tr>
<tr><td colspan="2">工艺序号</td><td colspan="2">程序编号</td><td>夹具名称</td><td>夹具编号</td><td>使用设备</td><td colspan="2">车间</td></tr>
<tr><td colspan="2"></td><td colspan="2"></td><td></td><td></td><td></td><td colspan="2"></td></tr>
<tr><td>工序号</td><td colspan="4">工序内容（加工面）</td><td>刀具号</td><td>刀具规格</td><td>主轴转速/（r/min）</td><td>进给速度/（mm/min）</td></tr>
</table>

工序号	工序内容（加工面）	刀具号	刀具规格	主轴转速/（r/min）	进给速度/（mm/min）	铣削深度(背吃刀量)/mm
编制	审核		批准		共__页　第__页	

三、编制数控加工程序

（1）在图 4-15 中标出编程原点，绘制 *X*、*Y*、*Z* 坐标轴。

（2）编制结构零件的数控加工程序（表 4-32）。

表 4-32　结构零件的数控加工程序

程序段号	加工程序	程序说明

学习活动❷　结构零件的加工

一、加工准备

1. 工、量、刃具准备

根据结构零件的加工需要，填写工、量、刃具清单（表 4-33），并领取工、量、刃具。

表 4-33　工、量、刃具清单

序号	名称	规格	数量	备注

2. 领取毛坯

领取毛坯并测量毛坯尺寸，判断毛坯是否有足够的加工余量。

3. 选择切削液

根据加工对象及所用刀具，领取本次加工所用切削液，写出切削液牌号。

二、加工零件

1. 完成结构零件粗加工。
2. 完成结构零件精加工。
3. 根据小组成员完成情况，修改、完善加工工艺。

三、保养机床、清理场地

按照6S管理的要求保养机床、清理场地。

学习活动❸　结构零件的加工质量检测与分析

一、明确检测要素，领取检测量具

1. 结构零件有哪些关键尺寸需要检测？说明原因及检测方法。

2. 根据结构零件的检测要素，领取量具并说明检测内容，填入表4-34中。

表4-34　量具及检测内容

序号	量具名称及规格	检测内容

二、加工质量检测

按表4-35所列项目和技术要求检测加工零件，将检测结果填入检测记录栏，并根据评分标准给出得分。

表 4-35 加工质量检测

零件编号			总得分			
项目与配分	序号	技术要求	配分	评分标准	检测记录	得分
任务评分（72%）	1	$88_{-0.03}^{0}$ mm	5	超差不得分		
	2	$58_{-0.03}^{0}$ mm	5	超差不得分		
	3	$14_{-0.03}^{0}$ mm	5	超差不得分		
	4	$56.5_{0}^{+0.03}$ mm	5	超差不得分		
	5	$11_{0}^{+0.03}$ mm	5	超差不得分		
	6	平行度 0.05 mm	5	超差不得分		
	7	（1.5 ± 0.03）mm	5	超差不得分		
	8	（10 ± 0.03）mm	5	超差不得分		
	9	ϕ27H8	4	超差不得分		
	10	R15 mm	5	超差不得分		
	11	R10 mm	5	超差不得分		
	12	R6 mm	5	超差不得分		
	13	25°	4	超差不得分		
	14	45°	5	超差不得分		
	15	Ra1.6 μm	4	降级不得分		
程序与加工工艺（10%）	16	程序格式规范	3	每处错误扣 1 分		
	17	程序正确、完整	2	每处错误扣 1 分		
	18	加工工艺合理	3	每处不合理扣 1 分		
	19	程序参数设置合理	2	每处不合理扣 1 分		
机床操作（10%）	20	对刀及坐标系设定正确	3	每处错误扣 1 分		
	21	机床操作面板操作正确	2	每处错误扣 1 分		
	22	进给操作正确	3	每处错误扣 1 分		
	23	意外情况处理合理	2	每处不合理扣 1 分		
安全文明生产（8%）	24	遵守安全生产规程	3	每处错误扣 1 分		
	25	机床维护与保养正确	3	每处错误扣 1 分		
	26	工作场所整理合格	2	不合格不得分		

三、加工质量分析

分析不合格项目的产生原因，提出改进意见，填写表 4-36。

表 4-36 加工质量分析

序号	不合格项目	产生原因	改进意见

四、量具保养与归还

对所用量具进行规范保养并归还。

五、工作总结

1. 通过结构零件的数控编程与加工，你学到哪些知识与技能？试从工艺制定方面、编程方面、加工操作方面、测量方面等进行阐述。

2. 试分析和总结在本任务完成过程中获得的经验和存在的不足。

____

____

____

____

____

____

____

____

____

____

____

____

巩固与提高

一、填空题（将正确答案填写在横线上）

1. 确定加工余量的方法主要有______________、______________、______________。

2.“M98 P200；”表示调用______次名为______的子程序，“M98 P60030；”表示调用______次名为______的子程序。

3. 主程序用______或______表示程序结束，而子程序则用______表示程序结束。

4. 切削液的主要作用有______、______、______和______。

二、判断题（正确的打“√”，错误的打“×”）

1. 程序段“G91 G01 X20.0 Y0 F100；”与程序段“G91 G01 X20.0 F100；”功能一致。（ ）

2. 粗加工时，通常将刀具半径补偿值设置为“刀具半径 – 精加工余量”，以保留适当的精加工余量。（ ）

3. FANUC 系统采用刀具半径补偿模式后，可以加工半径与刀具半径相等的圆弧内角。（ ）

4. 在轮廓铣削加工中，若采用刀具半径补偿指令编程，刀补的建立与取消应在轮廓上进行，这样的程序才能保证零件的加工精度。（ ）

三、选择题（将正确答案的代号填入括号内）

在切削矩形凹槽时，图 4-17 所示的图（　　）最合理。

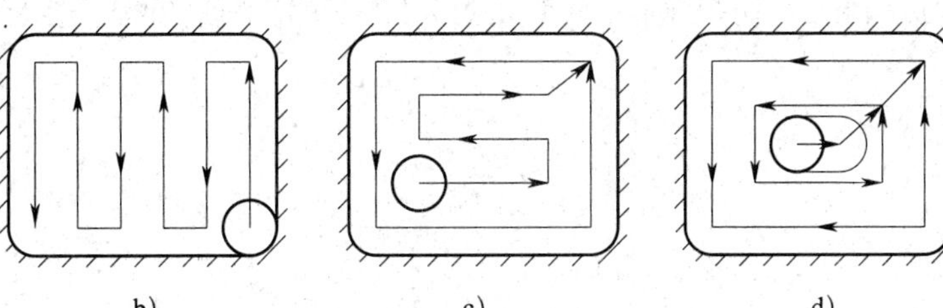

图 4-17　切削矩形凹槽

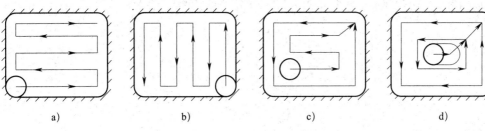

a）行切法　b）行切法　c）先行切后环切法　d）环切法

A. a　　　　B. b　　　　C. c　　　　D. d

四、作图题

在图 4-18 中绘制精加工编程路线，并标出编程起点。

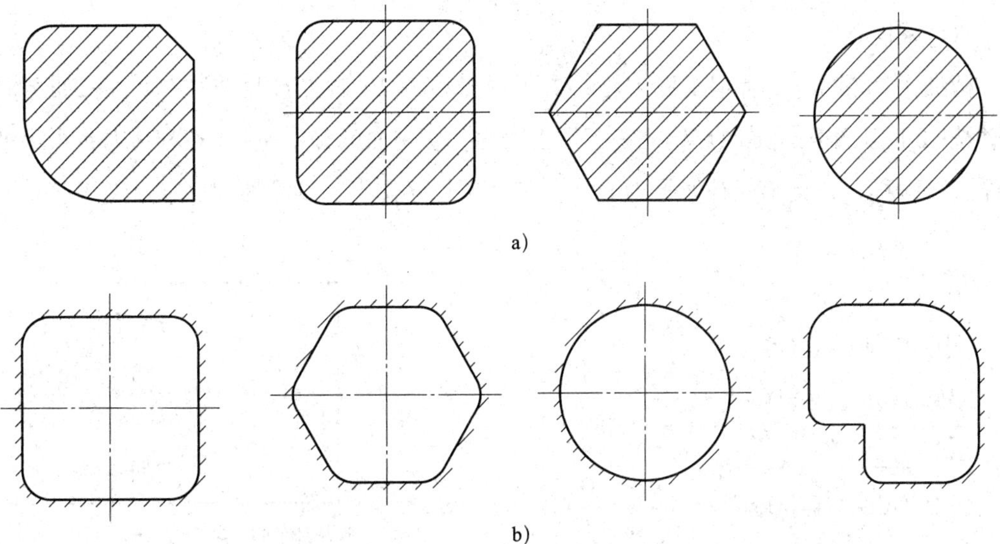

图 4-18　精加工编程路线绘制

a）外轮廓加工　b）内轮廓加工

五、计算题

拟采用 ϕ16 mm 立铣刀对某工件进行铣削加工，刀具齿数 z=3，查表取每齿进给量 f_z=0.03 mm/z，切削速度 v_c=20 m/min。试计算主轴转速与进给速度。

六、编程题

精加工如图 4-19 所示工件内轮廓，工件材料为 45 钢，加工要求如下：在加工时采用顺铣；*Z* 向工件坐标系原点建立在工件上表面，切削深度 *Z*=-5 mm；利用刀具半径补偿功能进行编程，刀具半径补偿号为 D02。其加工程序如下，试添加程序字，将程序补充完整。

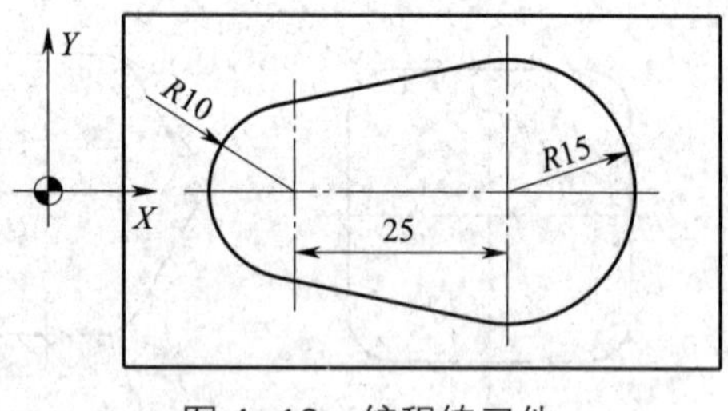

图 4-19　编程练习件

O11；

N10　G94 G40 G21；

N20　G91 G28 Z0 ；

N30 ______________；

N40　G00 Z100.0；

N50　　　X112.0 Y0；

N60 ______________；

N70　　　Z1.0；

N80　G01 Z-5.0 F100；

N90　G41 X90.0 D02；

N100　G03 X98.0 Y-9.8 R10.0；

N110 ____________________；

N120　G03 X122.0 Y14.7 R-15.0；

N140 ____________________________；

N150 ____________________;

N160 G40 G01 X112.0;

N170 G00 Z100.0;

N180 M05;

N190 M30;

项目五
孔 加 工

任务❶ 电动机外壳零件加工

任务描述

车间现接到某企业电动机外壳零件的加工订单，订单数量为100件，零件图如图5-1所示，毛坯已铸造成形，毛坯材料为HT350。要求在已铸造成形的毛坯上进行钻孔、锪孔加工（中间部位的铰孔与镗孔在其他任务中完成），试编写其加工程序并完成加工。

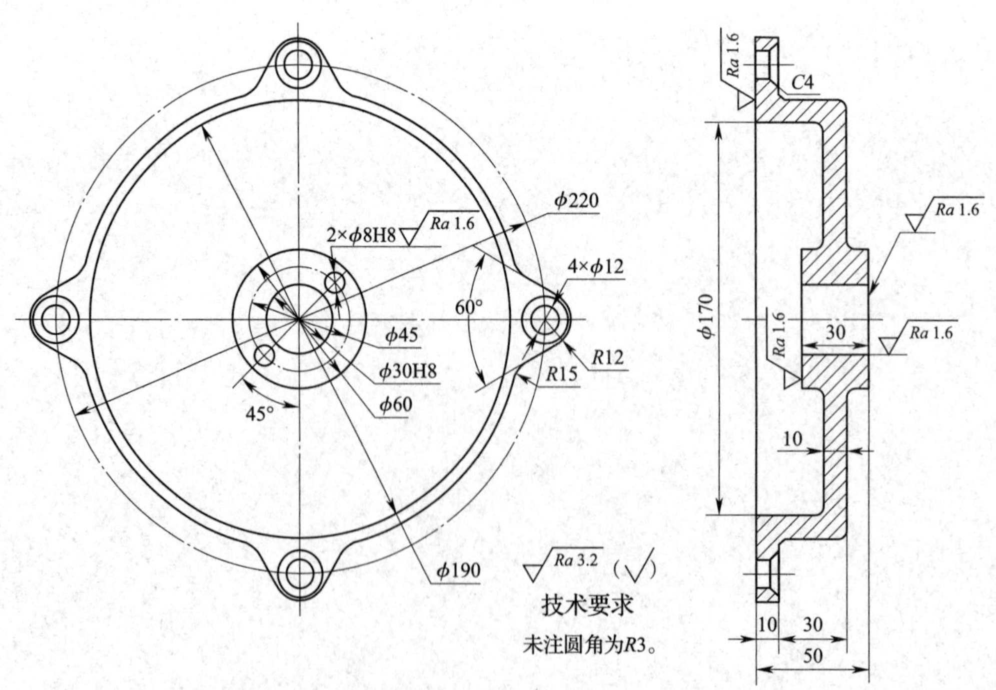

图 5-1 电动机外壳零件

学习活动❶ 电动机外壳零件的加工工艺分析与编程

一、分析零件图，明确加工要求

1. 分析工作任务，写出本任务要加工的零件名称、零件结构、零件数量、毛坯材料、毛坯尺寸。

2. 分析零件图，明确加工内容（表面）及加工要求，完成表 5-1 的填写，为制定加工工艺做准备。

表 5-1 电动机外壳零件的加工内容（表面）及加工要求

序号	加工内容（表面）	加工要求

二、制定零件加工工艺

1. 选择加工方法

（1）查阅资料，完成表 5-2 的填写。

表 5-2　孔的加工方法推荐选择表

<table>
<tr><th rowspan="2">孔的
精度</th><th rowspan="2">有无
预钻孔</th><th colspan="3">孔直径尺寸 /mm</th></tr>
<tr><th>0 ~ 12</th><th>12 ~ 30</th><th>30 ~ 80</th></tr>
<tr><td rowspan="2">IT9 ~
IT11</td><td>无</td><td></td><td></td><td></td></tr>
<tr><td>有</td><td colspan="3"></td></tr>
<tr><td rowspan="2">IT8</td><td>无</td><td></td><td></td><td></td></tr>
<tr><td>有</td><td colspan="3"></td></tr>
<tr><td rowspan="2">IT7</td><td>无</td><td></td><td colspan="2"></td></tr>
<tr><td>有</td><td colspan="3"></td></tr>
</table>

（2）根据电动机外壳零件的加工要求，选择加工方法。

2. 选择夹紧方案及夹具

根据电动机外壳零件的特点选择夹紧方案及夹具。

3. 选择刀具

选择什么刀具进行加工？刀具材料是什么？列出刀具各参数。

4. 确定加工顺序

根据电动机外壳零件的加工要求和结构特点，确定孔加工顺序，完成表 5-3 的填写。

表 5-3　电动机外壳零件孔加工顺序

序号	加工内容（加工表面）	刀具号	刀具名称与规格	刀具材料

5. 设计加工路线

根据加工要求设计电动机外壳零件孔加工路线，填写表 5-4。

表 5-4　设计电动机外壳零件孔加工路线

项目	设计孔加工路线	结论
	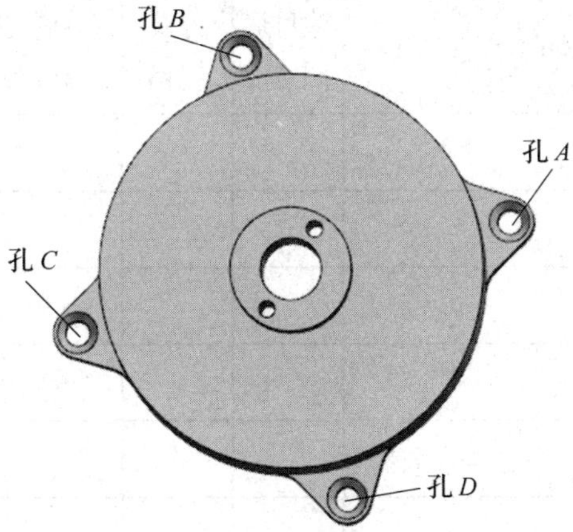	
方案一	（1）定位孔（用中心钻）：孔 A→ 孔 B→ 孔 C→ 孔 D （2）钻孔：孔 A→ 孔 B→ 孔 C→ 孔 D （3）锪孔：孔 A→ 孔 B→ 孔 C→ 孔 D	
方案二	（1）孔 A 定位 → 钻孔 → 锪孔 （2）孔 B 定位 → 钻孔 → 锪孔 （3）孔 C 定位 → 钻孔 → 锪孔 （4）孔 D 定位 → 钻孔 → 锪孔	

6. 确定切削用量

根据实际加工情况，写出本任务所用切削用量的具体数值。

7. 填写数控加工工艺卡

完成电动机外壳零件数控加工工艺卡（表 5-5）的填写。

表 5-5　电动机外壳零件数控加工工艺卡

单位		数控加工工艺卡	产品代号	零件名称	零件图号
工艺序号	程序编号	夹具名称	夹具编号	使用设备	车间

工序号	工序内容（加工面）	刀具号	刀具规格	主轴转速/（r/min）	进给速度/（mm/min）	背吃刀量/mm

编制		审核		批准		共__页　第__页

三、编制数控加工程序

1. 编程指令

（1）孔加工固定循环动作

绘制孔加工固定循环动作图，并做简要文字解释。

（2）孔加工固定循环指令及其动作

查阅资料，完成表 5-6 的填写。

表 5-6　孔加工固定循环指令及其动作

G 代码	加工动作	孔底部动作	退刀动作	用途
G81				
G82				
G73				
G83				

（3）孔加工固定循环指令格式

查阅资料，写出钻孔、锪孔、钻深孔的孔加工指令格式，并进行说明。

（4）其他常用功能指令

查阅资料，完成表 5-7 的填写。

表 5-7　其他常用功能指令

序号	指令	功能	序号	指令	功能
1	G80		4	G90	
2	G98		5	G91	
3	G99		6	G21	

（5）编程练习

钻孔练习件如图 5-2 所示，已知毛坯尺寸为 80 mm × 80 mm × 40 mm，毛坯材料为 45 钢，已完成圆柱加工，现计划采用 ϕ6 mm 的麻花钻完成孔加工，试添加程序字、程序段，使程序完整。

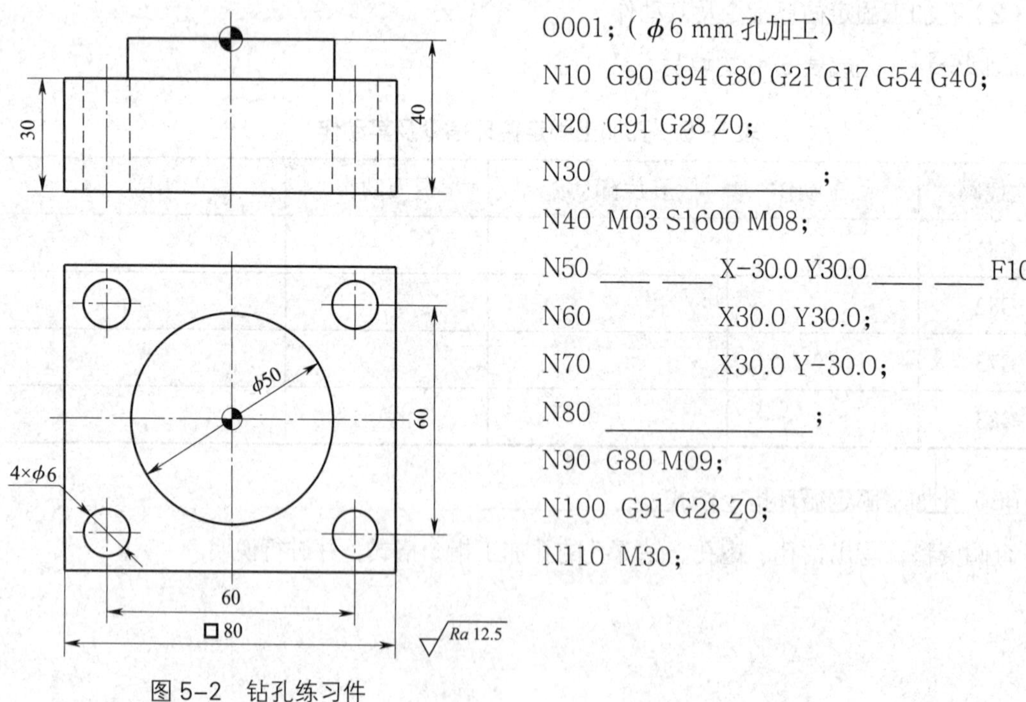


```
O001;（φ6 mm 孔加工）
N10  G90 G94 G80 G21 G17 G54 G40;
N20  G91 G28 Z0;
N30  ________________;
N40  M03 S1600 M08;
N50  ____ ____ X-30.0 Y30.0 ____ ____ F100;
N60            X30.0 Y30.0;
N70            X30.0 Y-30.0;
N80  ________________;
N90  G80 M09;
N100  G91 G28 Z0;
N110  M30;
```

图 5-2　钻孔练习件

2. 编制电动机外壳零件数控加工程序

（1）在图 5-1 中标出编程原点，绘制 *X*、*Y*、*Z* 坐标轴。

（2）编制电动机外壳零件的数控加工程序（表 5-8）。

表 5-8 电动机外壳零件的数控加工程序

程序段号	加工程序	程序说明

学习活动❷ 电动机外壳零件的加工

一、加工准备

1. 工、量、刃具准备

根据电动机外壳零件的加工需要，填写工、量、刃具清单（表 5-9），并领取工、量、刃具。

表 5-9　工、量、刃具清单

序号	名称	规格	数量	备注

2. 领取毛坯

领取毛坯并测量毛坯尺寸，判断毛坯是否有足够的加工余量。

3. 选择切削液

根据加工对象及所用刀具，领取本次加工所用切削液，写出切削液牌号。

二、加工零件

1. 完成零件加工。

2. 根据小组成员完成情况，修改、完善加工工艺。

三、保养机床、清理场地

按照 6S 管理的要求保养机床、清理场地。

学习活动❸ 电动机外壳零件的加工质量检测与分析

一、明确检测要素，领取检测量具

1. 电动机外壳零件有哪些关键尺寸需要检测？说明原因及检测方法。

2. 根据电动机外壳零件的检测要素，领取量具并说明检测内容，填入表 5-10 中。

表 5-10 量具及检测内容

序号	量具名称及规格	检测内容

二、加工质量检测

按表 5-11 所列项目和技术要求检测加工零件，将检测结果填入检测记录栏，并根据评分标准给出得分。

表 5-11 加工质量检测

零件编号			总得分			
项目与权重	序号	技术要求	配分	评分标准	检测记录	得分
任务评分（66%）	1	ϕ220 mm	6	超差不得分		
	2	ϕ12 mm	6	超差不得分		
	3	ϕ8H8	6	超差不得分		
	4	ϕ45 mm	6	超差不得分		
	5	ϕ30H8	6	超差不得分		
	6	ϕ60 mm	6	超差不得分		
	7	ϕ190 mm	6	超差不得分		
	8	ϕ170 mm	6	超差不得分		
	9	C4 mm	6	超差不得分		
	10	Ra1.6 μm	6	降级不得分		
	11	Ra3.2 μm	6	降级不得分		
程序与加工工艺（20%）	12	孔加工固定循环指令格式规范	5	每处不规范扣 1 分		
	13	程序正确、完整	5	每处错误扣 1 分		
	14	加工工艺合理	5	每处不合理扣 1 分		
	15	程序参数设置合理	5	每处不合理扣 1 分		
机床操作（8%）	16	对刀及坐标系设定正确	2	每处错误扣 1 分		
	17	机床操作面板操作正确	2	每处错误扣 1 分		
	18	进给操作正确	2	每处错误扣 1 分		
	19	意外情况处理合理	2	每处不合理扣 1 分		
安全文明生产（6%）	20	遵守安全生产规程	2	每处错误扣 1 分		
	21	机床维护与保养正确	2	每处错误扣 1 分		
	22	工作场所整理合格	2	不合格不得分		

三、加工质量分析

分析不合格项目的产生原因，提出改进意见，填写表 5-12。

表 5-12　加工质量分析

序号	不合格项目	产生原因	改进意见

四、量具保养与归还

对所用量具进行规范保养并归还。

五、工作总结

1. 通过电动机外壳零件的数控编程与加工，你学到哪些知识与技能？试从工艺制定方面、编程方面、加工操作方面、测量方面等进行阐述。

____

____

____

2. 试分析和总结在本任务完成过程中获得的经验和存在的不足。

____

____

____

____

____

____

____

____

____

____

____

____

巩固与提高

一、填空题（将正确答案填写在横线上）

1. 刀位点是对刀和加工的基准点。钻头的刀位点是指____________，立铣刀和面铣刀的刀位点是指____________________。

2. 在钻孔时，钻出的孔径偏大的主要原因是____。

3. FANUC 系统孔加工固定循环常用的三个平面从上到下依次为______________、______________和孔底平面。

4. 指令“G73～G89 X__ Y__ Z__ R__ Q__ P__ F__ L__；”中的“Q”指刀具每次的________________，“P”指刀具在孔底的________________，“F”指刀具切削进给时的________________。

5. 当刀具加工到孔底平面后，刀具从孔底平面返回的方式有两种，即返回到______________和返回到______________，分别用指令__________与__________来表示。

二、判断题（正确的打“√”，错误的打“×”）

1. 初始平面的设定高度一般应高于夹具、工件凸台等的高度。（　　）

2. 执行孔加工固定循环程序，刀具在初始平面内的移动是以 G00 方式实现的。（　　）

3. 孔加工固定循环除采用 G80 指令取消外，没有其他方法取消。（　　）

三、选择题（将正确答案的代号填入括号内）

1. 下列孔加工指令中，能执行孔底暂停指令的是（　　）。

A. G73　　B. G81　　C. G82　　D. G83

2. 孔加工固定循环的刀具下刀时，自快进转为工进的高度平面通常称为（　　）。

A. 初始平面　　B. 参考平面

C. 孔底平面　　D. 任意平面

3. *R* 点平面距工件表面的距离主要考虑工件表面的尺寸变化，一般情况下取（　　）mm。

A. 0 ~ 1　　B. 2 ~ 5　　C. 6 ~ 8　　D. 9 ~ 10

4. 固定循环中，刀具从初始平面到 *R* 点平面的移动方式是（　　）。

A. G00　　B. G01

C. 根据不同的固定循环确定的　　D. 由编程决定的

5. 固定循环中 P 的单位是（　　）。

A. s　　B. ms　　C. m　　D. mm

四、简答题

1. 简述孔加工固定循环的工作过程。

2. 简述深孔钻循环指令 G73 与 G83 的区别。

任务❷ 端盖零件加工

任务描述

车间现接到某企业端盖零件的加工订单，订单数量为 100 件，零件图如图 5-3 所示，毛坯材料为 45 钢，毛坯已铸造成形，现主要进行铰孔和镗孔加工，试编写其加工程序并完成加工。

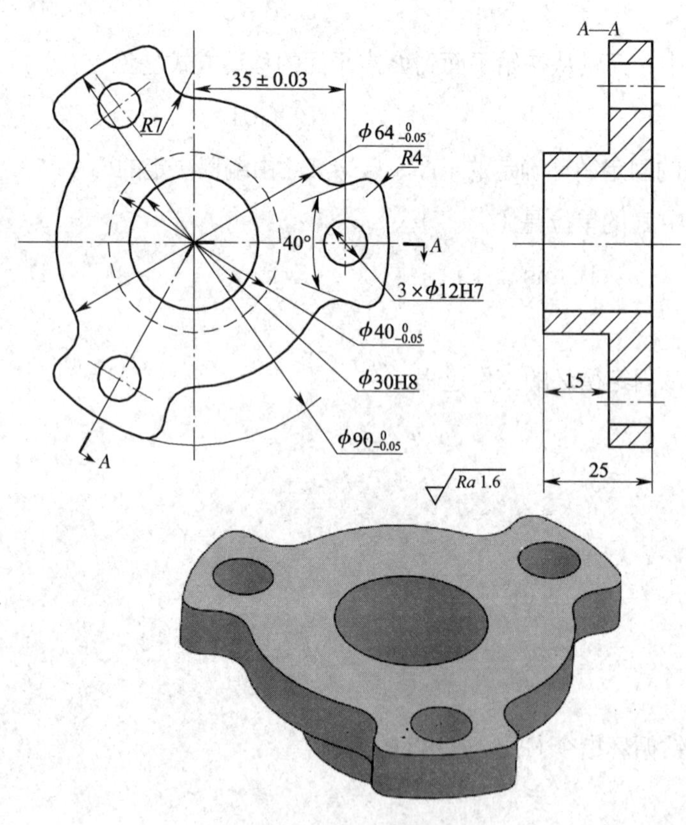

图 5-3 端盖零件

学习活动❶ 端盖零件的加工工艺分析与编程

一、分析零件图，明确加工要求

1. 分析工作任务，写出本任务要加工的毛坯材料、毛坯尺寸和零件数量。

2. 分析零件图，明确加工内容（表面）及加工要求，完成表 5-13 的填写，为制定加工工艺做准备。

表 5-13 端盖零件的加工内容（表面）及加工要求

序号	加工内容（表面）	加工要求

二、制定零件加工工艺

1. 选择加工方法

根据端盖零件的加工要求，选择加工方法。

2. 选择夹紧方案及夹具

根据端盖零件的特点选择夹紧方案及夹具。

3. 选择刀具

选择什么刀具进行加工？刀具材料是什么？列出刀具各参数。

4. 确定加工顺序

根据端盖零件孔的加工要求和结构特点，确定孔加工顺序，完成表 5-14 的填写。

表 5-14　端盖零件孔加工顺序

序号	加工内容（加工表面）	刀具号	刀具名称与规格	刀具材料

5. 设计加工路线

根据加工要求设计端盖零件孔加工路线，填写表 5-15。

表 5-15　设计端盖零件孔加工路线

零件	孔加工路线

6. 确定切削用量

根据实际加工情况，写出本任务所用切削用量的具体数值。

7. 填写数控加工工艺卡

完成端盖零件数控加工工艺卡（表 5-16）的填写。

表 5-16　端盖零件数控加工工艺卡

<table>
<tr><td rowspan="2">单位</td><td rowspan="2"></td><td rowspan="2" colspan="2">数控加工工艺卡</td><td>产品代号</td><td>零件名称</td><td>零件图号</td></tr>
<tr><td></td><td></td><td></td></tr>
<tr><td>工艺序号</td><td>程序编号</td><td colspan="2">夹具名称</td><td>夹具编号</td><td>使用设备</td><td>车间</td></tr>
<tr><td></td><td></td><td colspan="2"></td><td></td><td></td><td></td></tr>
<tr><td>工序号</td><td>工序内容（加工面）</td><td>刀具号</td><td>刀具规格</td><td>主轴转速 /（r/min）</td><td>进给速度 /（mm/min）</td><td>背吃刀量 / mm</td></tr>
<tr><td></td><td></td><td></td><td></td><td></td><td></td><td></td></tr>
<tr><td></td><td></td><td></td><td></td><td></td><td></td><td></td></tr>
<tr><td></td><td></td><td></td><td></td><td></td><td></td><td></td></tr>
<tr><td></td><td></td><td></td><td></td><td></td><td></td><td></td></tr>
<tr><td></td><td></td><td></td><td></td><td></td><td></td><td></td></tr>
<tr><td></td><td></td><td></td><td></td><td></td><td></td><td></td></tr>
<tr><td></td><td></td><td></td><td></td><td></td><td></td><td></td></tr>
<tr><td></td><td></td><td></td><td></td><td></td><td></td><td></td></tr>
<tr><td></td><td></td><td></td><td></td><td></td><td></td><td></td></tr>
<tr><td></td><td></td><td></td><td></td><td></td><td></td><td></td></tr>
<tr><td>编制</td><td></td><td>审核</td><td></td><td>批准</td><td></td><td>共__页　第__页</td></tr>
</table>

三、编制数控加工程序

1. 编程指令

（1）孔加工固定循环指令及其动作

查阅资料，完成表 5-17 的填写。

表 5-17　孔加工固定循环指令及其动作

G 代码	加工动作	孔底部动作	退刀动作	用途
G85				
G86				
G88				
G89				
G76				
G87				

（2）孔加工固定循环指令格式

查阅资料，完成表 5-18 的填写。

表 5-18　孔加工固定循环指令格式

功能	G 代码	指令格式及说明
铰孔		
镗孔 1（拖动）		
镗孔 2（手动）		
镗孔 3（台阶孔）		
精镗孔		
反镗孔		

2. 编制端盖零件数控加工程序

（1）在图 5-3 中标出编程原点，绘制 X、Y、Z 坐标轴。

（2）编制端盖零件的数控加工程序（表 5-19）。

表 5-19　端盖零件的数控加工程序

程序段号	加工程序	程序说明

学习活动❷　端盖零件的加工

一、加工准备

1. 工、量、刃具准备

根据端盖零件的加工需要，填写工、量、刃具清单（表 5-20），并领取工、量、刃具。

表 5-20　工、量、刃具清单

序号	名称	规格	数量	备注

续表

序号	名称	规格	数量	备注

2. 领取毛坯

领取毛坯并测量毛坯尺寸，判断毛坯是否有足够的加工余量。

3. 选择切削液

根据加工对象及所用刀具，领取本次加工所用切削液，写出切削液牌号。

二、加工零件

1. 完成零件加工。
2. 根据小组成员完成情况，修改、完善加工工艺。

三、保养机床、清理场地

按照 6S 管理的要求保养机床、清理场地。

学习活动③ 端盖零件的加工质量检测与分析

一、明确检测要素，领取检测量具

1. 端盖零件有哪些关键尺寸需要检测？说明原因及检测方法。

2. 根据端盖零件的检测要素，领取量具并说明检测内容，填入表 5-21 中。

表 5-21 量具及检测内容

序号	量具名称及规格	检测内容

二、加工质量检测

按表 5-22 所列项目和技术要求检测加工零件，将检测结果填入检测记录栏，并根据评分标准给出得分。

表 5-22 加工质量检测

零件编号			总得分			
项目与权重	序号	技术要求	配分	评分标准	检测记录	得分
任务评分（60%）	1	ϕ 12H7	20	超差不得分		
	2	ϕ 30H8	20	超差不得分		
	3	$Ra1.6$ μm	20	降级不得分		

续表

项目与权重	序号	技术要求	配分	评分标准	检测记录	得分
程序与加工工艺（20%）	4	孔加工固定循环指令格式规范	5	每处不规范扣 1 分		
	5	程序正确、完整	5	每处错误扣 1 分		
	6	加工工艺合理	5	每处不合理扣 1 分		
	7	程序参数设置合理	5	每处不合理扣 1 分		
机床操作（10%）	8	对刀及坐标系设定正确	3	每处错误扣 1 分		
	9	机床操作面板操作正确	2	每处错误扣 1 分		
	10	进给操作正确	3	每处错误扣 1 分		
	11	意外情况处理合理	2	每处不合理扣 1 分		
安全文明生产（10%）	12	遵守安全生产规程	5	每处错误扣 1 分		
	13	机床维护与保养正确	3	每处错误扣 1 分		
	14	工作场所整理合格	2	不合格不得分		

三、加工质量分析

分析不合格项目的产生原因，提出改进意见，填写表 5-23。

表 5-23　加工质量分析

序号	不合格项目	产生原因	改进意见

四、量具保养与归还

对所用量具进行规范保养并归还。

五、工作总结

1. 通过端盖零件的数控编程与加工，你学到哪些知识与技能？试从工艺制定方面、编程方面、加工操作方面、测量方面等进行阐述。

2. 试分析和总结在本任务完成过程中获得的经验和存在的不足。

____

____

____

巩固与提高

一、填空题（将正确答案填写在横线上）

1. 粗镗孔循环指令 G86 的指令格式为________________。

2. 精镗孔循环指令 G76 的指令格式为________________。

3. 在数控铣床及加工中心上能方便地加工出__________级精度的孔。

4. 为减小切削过程中受__________作用而产生的振动，粗镗钢件孔时，取主偏角为 60°～75°，在加工铸铁孔或精镗孔时，取主偏角为__________。

5. 标准铰刀校准部分的作用是______________、______________和______________。

二、判断题（正确的打“√”，错误的打“×”）

1. 采用粗镗孔循环指令 G88 镗孔，不仅能提高孔的加工精度，还能提高加工效率。 （ ）

2. 固定循环指令 G87 在 G91 方式下的 R 值为正值，其他固定循环指令在 G91 方式下的 R 值为负值。 （ ）

3. 执行 G87 指令时，刀具分别在初始平面和孔底平面实现主轴准停。 （ ）

4. G76 指令执行完毕返回初始平面后，主轴中心与孔中心发生了偏移，偏移量等于 Q 值。 （ ）

5. 浮动式镗刀在镗削时不但能自动处于孔中心位置，而且能矫正孔的直线度误差和位置度误差。 （ ）

6. 用内径百分表测量内孔时，必须细心地摆动内径百分表，所得最大值即所测孔的实际直径尺寸。 （ ）

7. 加工通孔时，往往选用正刃倾角的镗刀。 （ ）

8. 在钻孔固定循环方式中，刀具长度补偿功能有效。 （ ）

9. 单刃镗刀与双刃镗刀相比，每转进给量可提高一倍左右，生产效率高。 （ ）

三、选择题（将正确答案的代号填入括号内）

1. 下列指令中，刀具以切削进给方式加工到孔底，然后以切削进给方式返回到 R 点平面的指令是（ ）。

A. G85　　B. G86　　C. G87　　D. G88

2. 下列指令中，刀具以切削进给方式加工到孔底，然后主轴停转，刀具快速退到 R 点平面后主轴正转的指令是（　　）。

A. G85　　B. G86　　C. G87　　D. G88

3. 固定循环指令 G87 中的 Q 值是指（　　）。

A. 刀具间歇进给时的每次加工深度

B. 主轴准停后刀具反方向的偏移量

C. 刀具在孔底的暂停时间

D. 总镗孔长度

4. 下列固定循环指令中，不能用 G99 方式进行编程的指令是（　　）。

A. G85　　B. G86　　C. G87　　D. G88

5. 执行 G76 指令时，刀具从孔底平面以主轴（　　）方式退回 R 点平面。

A. 正转快速进给　　B. 正转切削进给

C. 准停快速进给　　D. 反转切削进给

6.（　　）可修正上一工序所产生的孔轴线位置偏差，保证孔的位置精度。

A. 镗孔　　B. 扩孔　　C. 铰孔　　D. 钻孔

7. 镗削加工 ϕ50 mm 孔时，为了增加镗刀杆的刚度，镗刀杆的直径一般取（　　）mm。

A. 20　　B. 30　　C. 35　　D. 45

8. 精镗刀刀头上往往带有刻度盘，每格刻线表示刀头的调整距离为（　　）mm。

A. 0.01　　B. 0.02　　C. 0.001　　D. 0.002

9. 图 5-4 中的图（　　）显示的为 G87 指令的孔加工过程。

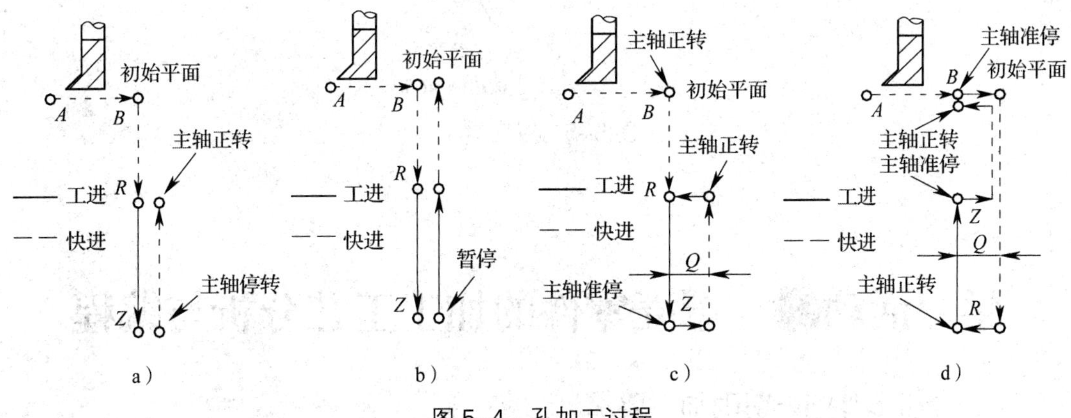

图 5-4　孔加工过程

A. a　　B. b　　C. c　　D. d

任务❸　罩壳零件加工

任务描述

车间现接到某企业罩壳零件的加工订单，订单数量为 100 件，零件图如图 5-5 所示。毛坯材料为 2A04，毛坯外轮廓已加工完成，本任务主要进行攻螺纹加工，试编写其加工程序并完成加工。

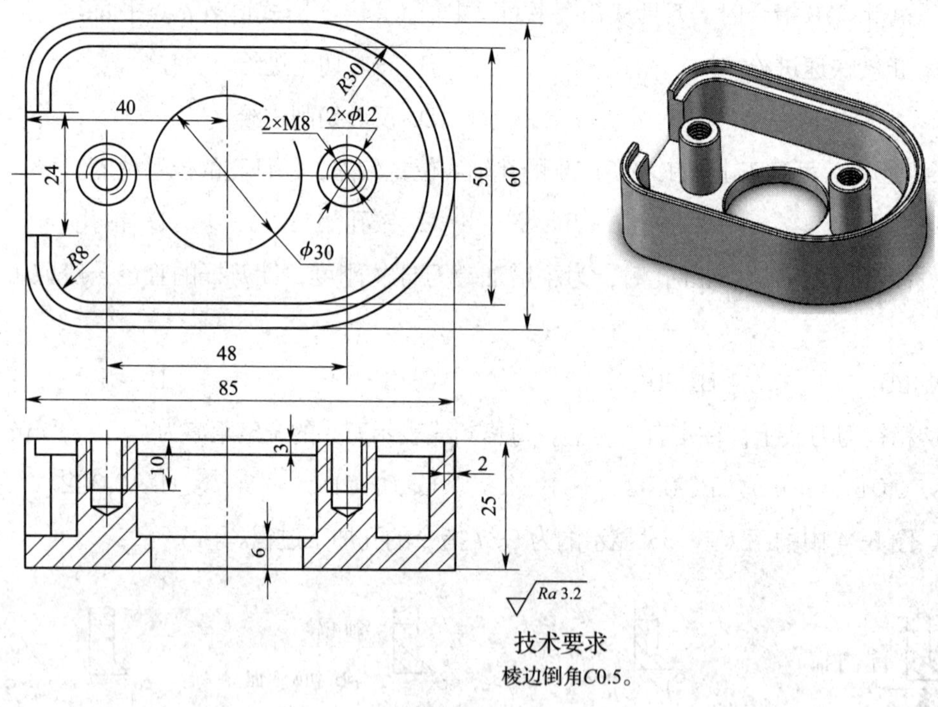

图 5-5　罩壳零件

学习活动❶　罩壳零件的加工工艺分析与编程

一、分析零件图，明确加工要求

1. 分析工作任务，写出本任务要加工的毛坯材料、毛坯尺寸和零件数量。

2. 分析零件图，明确加工内容（表面）及加工要求，完成表 5-24 的填写，为制定加工工艺做准备。

表 5-24　罩壳零件的加工内容（表面）及加工要求

序号	加工内容（表面）	加工要求

二、制定零件加工工艺

1. 选择加工方法

根据罩壳零件的加工要求，选择加工方法。

2. 选择夹紧方案及夹具

根据罩壳零件的特点选择夹紧方案及夹具。

3. 选择刀具

选择什么刀具进行加工？刀具材料是什么？列出刀具各参数。

4. 确定加工顺序

根据罩壳零件孔加工要求和结构特点，确定孔加工顺序，完成表 5-25 的填写。

表 5-25　罩壳零件孔加工顺序

序号	加工内容（加工表面）	刀具号	刀具名称与规格	刀具材料

5. 设计加工路线

根据加工要求设计罩壳零件孔加工路线，填写表 5-26。

表 5-26　罩壳零件孔加工路线

零件	孔加工路线

6. 确定切削用量

根据实际加工情况，写出本任务所用切削用量的具体数值。

7. 填写数控加工工艺卡

完成罩壳零件数控加工工艺卡（表 5-27）的填写。

表 5-27　罩壳零件数控加工工艺卡

单位		数控加工工艺卡	产品代号	零件名称	零件图号	
工艺序号	程序编号	夹具名称	夹具编号	使用设备	车间	
工序号	工序内容（加工面）	刀具号	刀具规格	主轴转速 /（r/min）	进给速度 /（mm/min）	背吃刀量 / mm
编制		审核		批准		共__页　第__页

三、编制数控加工程序

1. 编程指令

（1）孔加工固定循环指令及其动作

查阅资料，完成表 5-28 的填写。

表 5-28　孔加工固定循环指令及其动作

G 代码	加工动作	孔底部动作	退刀动作	用途
G84				
G74				

（2）孔加工固定循环指令格式

查阅资料，完成表 5-29 的填写。

表 5-29　孔加工固定循环指令格式

功能	G 代码	指令格式及说明
右旋螺纹攻螺纹		
左旋螺纹攻螺纹		

2. 编制罩壳零件数控加工程序

（1）在图 5-5 中标出编程原点，绘制 X、Y、Z 坐标轴。

（2）编制罩壳零件的数控加工程序（表 5-30）。

表 5-30　罩壳零件的数控加工程序

程序段号	加工程序	程序说明

学习活动❷ 罩壳零件的加工

一、加工准备

1. 工、量、刃具准备

根据罩壳零件的加工需要，填写工、量、刃具清单（表5-31），并领取工、量、刃具。

表5-31 工、量、刃具清单

序号	名称	规格	数量	备注

2. 领取毛坯

领取毛坯并测量毛坯尺寸，判断毛坯是否有足够的加工余量。

3. 选择切削液

根据加工对象及所用刃具，领取本次加工所用切削液，写出切削液牌号。

二、加工零件

1. 完成零件加工。

2. 根据小组成员完成情况，修改、完善加工工艺。

三、保养机床、清理场地

按照 6S 管理的要求保养机床、清理场地。

学习活动❸　罩壳零件的加工质量检测与分析

一、明确检测要素，领取检测量具

1. 罩壳零件有哪些关键尺寸需要检测？说明原因及检测方法。

2. 根据罩壳零件的检测要素，领取量具并说明检测内容，填入表 5-32 中。

表 5-32　量具及检测内容

序号	量具名称及规格	检测内容

二、加工质量检测

按表 5-33 所列项目和技术要求检测加工零件，将检测结果填入检测记录栏，并根据评分标准给出得分。

表 5-33　加工质量检测

零件编号			总得分			
项目与权重	序号	技术要求	配分	评分标准	检测记录	得分
任务评分（60%）	1	10 mm	12	超差不得分		
	2	M8	12	超差不得分		
	3	48 mm	12	超差不得分		
	4	Ra3.2 μm	12	降级不得分		
	5	螺纹外观不乱牙，垂直度好	12	不合格不得分		
程序与加工工艺（20%）	6	程序格式规范	5	每处不规范扣 1 分		
	7	程序正确、完整	5	每处错误扣 1 分		
	8	加工工艺合理	5	每处不合理扣 1 分		
	9	程序参数设置合理	5	每处不合理扣 1 分		
机床操作（10%）	10	对刀及坐标系设定正确	3	每处错误扣 1 分		
	11	机床操作面板操作正确	2	每处错误扣 1 分		
	12	进给操作正确	3	每处错误扣 1 分		
	13	意外情况处理合理	2	每处不合理扣 1 分		
安全文明生产（10%）	14	遵守安全生产规程	5	每处错误扣 1 分		
	15	机床维护与保养正确	3	每处错误扣 1 分		
	16	工作场所整理合格	2	不合格不得分		

三、加工质量分析

分析不合格项目的产生原因，提出改进意见，填写表 5-34。

表 5-34　加工质量分析

序号	不合格项目	产生原因	改进意见

四、量具保养与归还

对所用量具进行规范保养并归还。

五、工作总结

1. 通过罩壳零件的数控编程与加工，你学到哪些知识与技能？试从工艺制定方面、编程方面、加工操作方面、测量方面等进行阐述。

____

____

____

____

2. 试分析和总结在本任务完成过程中获得的经验和存在的不足。

____

____

____

____

____

____

____

____

____

____

____

____

____

____

巩固与提高

一、填空题（将正确答案填写在横线上）

1. ____________循环指令为左旋螺纹攻螺纹循环，执行该循环时，主轴____________，在 G17 平面定位后____________，执行攻螺纹，到达孔底后，主轴____________退回到 R 点，主轴恢复__________，完成攻螺纹动作。

2. 刚性攻螺纹中通常使用____________，这种攻螺纹刀柄采用棘轮机构带动丝锥，当攻螺纹转矩____________棘轮机构的转矩时，丝锥在棘轮机构中打滑，从而防止丝锥__________________。

3. 一般对于直径在__________以上的螺纹，可采用螺纹镗刀镗削加工，对于直径在____________的螺纹，可采用攻螺纹的加工方法。

4. 普通螺纹分____________和细牙普通螺纹。

二、判断题（正确的打“√”，错误的打“×”）

1. 在 G74 与 G84 指令攻螺纹期间，进给倍率、进给保持均被忽略。（ ）

2. 在指定 G74 前，应先指定主轴反转。（ ）

3. 铣螺纹前的底孔直径必须大于螺纹标准中规定的螺纹小径。（ ）

4. M20×1.5LH 是指螺距为 1.5 mm 的细牙普通右旋螺纹。（ ）

5. 在加工中心上，同一把丝锥既可加工左旋螺纹，又可加工右旋螺纹。（ ）

6. 利用同一把螺纹镗刀可以镗削不同螺距、不同旋向的螺纹。（ ）

7. 对于粗牙螺纹，每一种尺寸规格螺纹的螺距是固定的。（ ）

8. 底孔直径太大会导致丝锥折断。（ ）

三、选择题（将正确答案的代号填入括号内）

1. 执行固定循环指令（ ）时，主轴刀具孔底的动作为暂停后变为正转。

A. G74　　B. G76　　C. G84　　D. G86

2. 下列指令中，在切削过程中主轴反转，在返回过程中主轴正转的固定循环指令是（ ）。

A. G74　　B. G84　　C. G76　　D. G86

3. 采用 G95 模式时，攻螺纹进给量为（ ）。

A. 导程　　B. 导程 × 转速

C. 螺距　　D. 螺距 × 转速

4. 丝锥夹头一般选择（ ）。

A. ER 弹簧夹头　　B. KM 弹簧夹头

C. 强力夹头　　D. 浮动夹头

5. 用深度尺测量工件时，测量杆的轴线应与被测面保持（ ）。

A. 平行　　B. 倾斜

C. 贴平　　D. 垂直

6. 加工 M10 粗牙螺纹时，孔底直径加工至（ ）mm 较为合适。

A. 11　　B. 10.2　　C. 8.5　　D. 9

7. 加工螺纹时，应适当考虑其铣削开始时的导入距离，该值取（ ）较为合适。

A. 1～2 mm　　B. P（P 为螺距）

C. $2P$～$3P$（P 为螺距）　　D. 5～10 mm

8. 程序段“G84 X100.0 Y100.0 Z-30.0 R10 F2.0；”中的 2.0 表示（ ）。

A. 螺距　　B. 每转进给量

C. 进给量　　D. 抬刀高度

9. 丝锥切削部分的前角为（　　）。

A. 6°～8°　　B. 4°～10°

C. 6°～10°　　D. 8°～10°

四、简答题

在加工中心上攻螺纹时，应如何确定螺纹底孔直径？

项目六
数控铣床 / 加工中心编程技巧

任务❶ 模具型芯零件加工

任务描述

车间现接到某企业模具型芯零件的加工订单，订单数量为 5 件，零件图如图 6-1 所示。毛坯材料为 45 钢，毛坯外圆柱已加工完成。试编写其加工程序并完成加工。

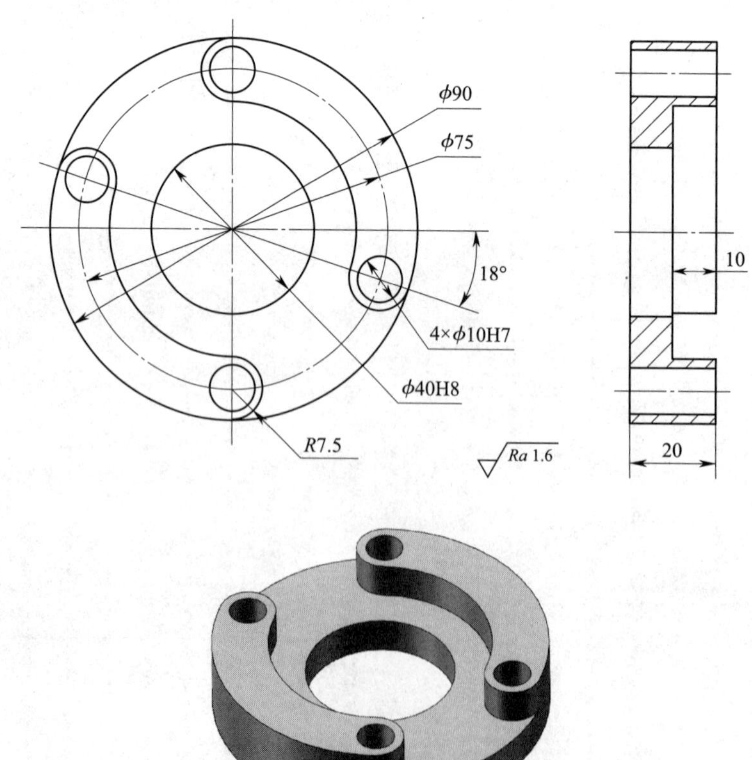

图 6-1 模具型芯零件

学习活动❶ 模具型芯零件的加工工艺分析与编程

一、分析零件图，明确加工要求

1. 分析工作任务，写出本任务要加工的毛坯材料、毛坯尺寸和零件数量。

2. 分析零件图，明确加工内容（表面）及加工要求，完成表 6-1 的填写，为制定加工工艺做准备。

表 6-1 模具型芯零件的加工内容（表面）及加工要求

序号	加工内容（表面）	加工要求

二、制定零件加工工艺

1. 选择加工方法

根据模具型芯零件的加工要求，选择加工方法。

2. 选择夹紧方案及夹具

根据模具型芯零件的特点选择夹紧方案及夹具。

3. 选择刀具

选择什么刀具进行加工？刀具材料是什么？列出刀具各参数。

4. 确定加工顺序

根据模具型芯零件的加工要求和结构特点，确定各表面的加工顺序，完成表 6-2 的填写。

表 6-2　模具型芯零件加工顺序

序号	加工内容（加工表面）	刀具号	刀具名称与规格	刀具材料

5. 设计加工路线

根据加工要求设计模具型芯零件加工路线，填写表 6-3。

表 6-3　设计模具型芯零件加工路线

序号	加工内容	加工路线
1	粗加工去除加工余量	
2	精铣左、右侧凸台（在右侧图中绘制加工路线）	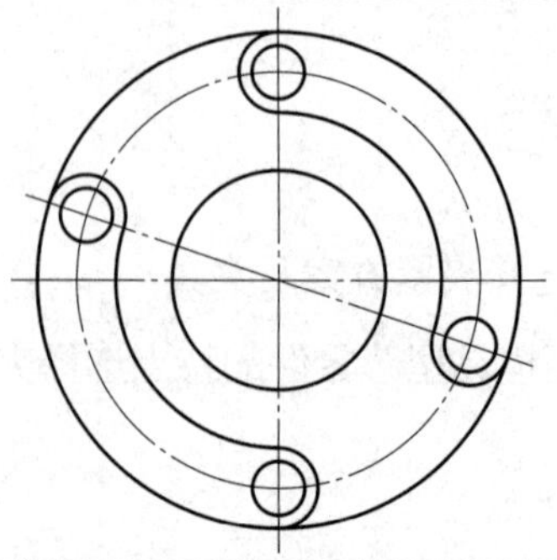
3	精铣 ϕ40H8 孔（在右侧图中绘制加工路线）	
4	用中心钻定位孔	
5	钻孔	
6	铰孔	

6. 确定切削用量

根据实际加工情况，写出本任务所用切削用量的具体数值。

7. 填写数控加工工艺卡

完成模具型芯零件数控加工工艺卡（表 6-4）的填写。

表 6-4 模具型芯零件数控加工工艺卡

<table>
<tr><td rowspan="2" colspan="2">单位</td><td rowspan="2" colspan="2"></td><td rowspan="2" colspan="2">数控加工工艺卡</td><td colspan="2">产品代号</td><td colspan="2">零件名称</td><td>零件图号</td></tr>
<tr><td colspan="2"></td><td colspan="2"></td><td></td></tr>
<tr><td colspan="2">工艺序号</td><td colspan="2">程序编号</td><td colspan="2">夹具名称</td><td colspan="2">夹具编号</td><td colspan="2">使用设备</td><td>车间</td></tr>
<tr><td colspan="2"></td><td colspan="2"></td><td colspan="2"></td><td colspan="2"></td><td colspan="2"></td><td></td></tr>
<tr><td>工序号</td><td colspan="5">工序内容（加工面）</td><td>刀具号</td><td>刀具规格</td><td>主轴转速 /（r/min）</td><td>进给速度 /（mm/min）</td><td>铣削深度（背吃刀量）/ mm</td></tr>
<tr><td></td><td colspan="5"></td><td></td><td></td><td></td><td></td><td></td></tr>
<tr><td></td><td colspan="5"></td><td></td><td></td><td></td><td></td><td></td></tr>
<tr><td></td><td colspan="5"></td><td></td><td></td><td></td><td></td><td></td></tr>
<tr><td></td><td colspan="5"></td><td></td><td></td><td></td><td></td><td></td></tr>
<tr><td></td><td colspan="5"></td><td></td><td></td><td></td><td></td><td></td></tr>
<tr><td></td><td colspan="5"></td><td></td><td></td><td></td><td></td><td></td></tr>
<tr><td></td><td colspan="5"></td><td></td><td></td><td></td><td></td><td></td></tr>
<tr><td></td><td colspan="5"></td><td></td><td></td><td></td><td></td><td></td></tr>
<tr><td></td><td colspan="5"></td><td></td><td></td><td></td><td></td><td></td></tr>
<tr><td></td><td colspan="5"></td><td></td><td></td><td></td><td></td><td></td></tr>
<tr><td>编制</td><td colspan="2"></td><td>审核</td><td colspan="2"></td><td>批准</td><td colspan="2"></td><td colspan="2">共__页 第__页</td></tr>
</table>

三、编制数控加工程序

1. 编程指令

（1）学习点位置表达，完成表 6-5 的填写。

表 6-5　点位置表达

项目	直角坐标系表达	极坐标系表达
案例	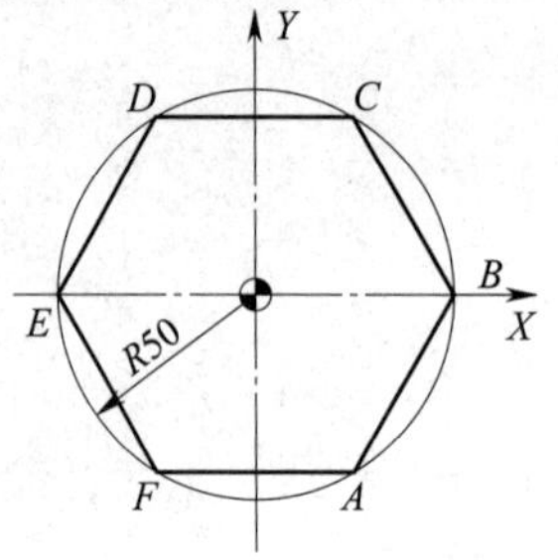 Y, D, C, B, E, X, R50, F, A	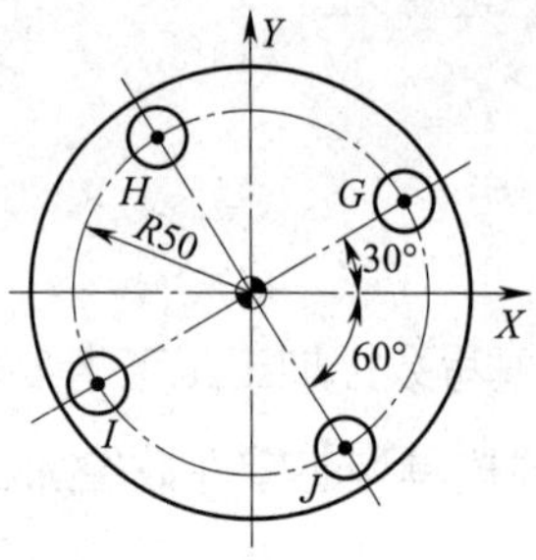 Y, H, G, R50, 30°, X, 60°, I, J
坐标系	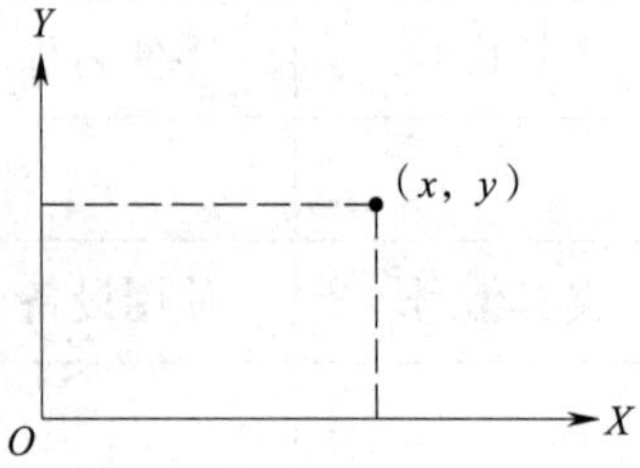 Y, (x, y), O, X	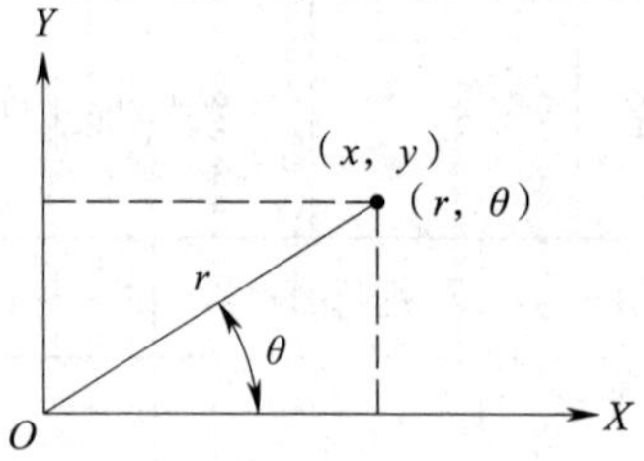 Y, (x, y), (r, θ), r, θ, O, X
计算案例基点坐标	A（　　）　B（　　） C（　　）　D（　　） E（　　）　F（　　）	G（　　）　H（　　） I（　　）　J（　　）
结论		

（2）直角坐标系与极坐标系生效方式

查阅相关资料，学习数控系统处理数据时直角坐标系与极坐标系各自的生效方式，填写表 6-6。

表 6-6　直角坐标系与极坐标系生效方式

坐标系	直角坐标系	极坐标系
生效方式		

（3）编程练习

编程练习件如图 6-2 所示，已知毛坯尺寸为 ϕ50 mm × 30 mm，毛坯材料为 45 钢，现计划采用 ϕ12 mm 立铣刀完成轮廓加工，采用 ϕ10 mm 麻花钻完成孔加工。试编写数控加工程序。

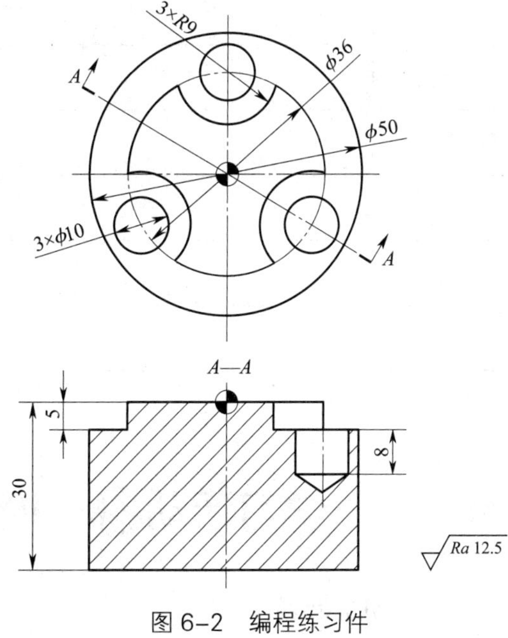

图 6-2　编程练习件

2. 编制模具型芯零件数控加工程序

（1）在图 6-1 中标出编程原点，绘制 X、Y、Z 坐标轴。

（2）编制模具型芯零件的数控加工程序（表 6-7）。

表 6-7　模具型芯零件的数控加工程序

程序段号	加工程序	程序说明

续表

程序段号	加工程序	程序说明

学习活动❷　模具型芯零件的加工

一、加工准备

1. 工、量、刃具准备

根据模具型芯零件的加工需要，填写工、量、刃具清单（表 6-8），并领取工、量、刃具。

表 6-8　工、量、刃具清单

序号	名称	规格	数量	备注

2. 领取毛坯

领取毛坯并测量毛坯尺寸，判断毛坯是否有足够的加工余量。

3. 选择切削液

根据加工对象及所用刀具，领取本次加工所用切削液，写出切削液牌号。

二、加工零件

1. 完成零件加工。
2. 根据小组成员完成情况，修改、完善加工工艺。

三、保养机床、清理场地

按照 6S 管理的要求保养机床、清理场地。

学习活动❸ 模具型芯零件的加工质量检测与分析

一、明确检测要素，领取检测量具

1. 模具型芯零件有哪些关键尺寸需要检测？说明原因及检测方法。

2. 根据模具型芯零件的检测要素，领取量具并说明检测内容，填入表 6-9 中。

表 6-9 量具及检测内容

序号	量具名称及规格	检测内容

二、加工质量检测

按表 6-10 所列项目和技术要求检测加工零件，将检测结果填入检测记录栏，并根据评分标准给出得分。

表 6-10 加工质量检测

零件编号			总得分			
项目与权重	序号	技术要求	配分	评分标准	检测记录	得分
任务评分（64%）	1	ϕ 75 mm	8	超差不得分		
	2	ϕ 40H8	8	超差不得分		
	3	ϕ 10H7	8	超差不得分		
	4	$R7.5$ mm	8	超差不得分		
	5	18°	8	超差不得分		
	6	10 mm	8	超差不得分		
	7	外圆表面无接痕	8	不合格不得分		
	8	$Ra1.6$ μm	8	降级不得分		
程序与加工工艺（20%）	9	极坐标编程规范	5	每处不规范扣 1 分		
	10	程序正确、完整	5	每处错误扣 1 分		
	11	加工工艺合理	5	每处不合理扣 1 分		
	12	程序参数设置合理	5	每处不合理扣 1 分		

续表

项目与权重	序号	技术要求	配分	评分标准	检测记录	得分
机床操作（8%）	13	对刀及坐标系设定正确	2	每处错误扣 1 分		
	14	机床操作面板操作正确	2	每处错误扣 1 分		
	15	进给操作正确	2	每处错误扣 1 分		
	16	意外情况处理合理	2	每处不合理扣 1 分		
安全文明生产（8%）	17	遵守安全生产规程	4	每处错误扣 2 分		
	18	机床维护与保养正确	2	每处错误扣 1 分		
	19	工作场所整理合格	2	不合格不得分		

三、加工质量分析

分析不合格项目的产生原因，提出改进意见，填写表 6-11。

表 6-11　加工质量分析

序号	不合格项目	产生原因	改进意见

四、量具保养与归还

对所用量具进行规范保养并归还。

五、工作总结

1. 通过模具型芯零件的数控编程与加工，你学到哪些知识与技能？试从工艺制定方面、编程方面、加工操作方面、测量方面等进行阐述。

2. 试分析和总结在本任务完成过程中获得的经验和存在的不足。

巩固与提高

一、填空题（将正确答案填写在横线上）

1. FANUC 0i 系统的极坐标系生效指令为________，极坐标系取消指令为________。

2. 指令“G90 G17 G16；G01 X50.0 Y60.0；”中的“X50.0”表示________，“Y60.0”表示________。

3. 极坐标系原点指定方式有两种，一种是________，另一种是________。

4. 极坐标指令中，极坐标半径用所选平面的________来指定，极坐标角度用所选平面的________来指定，极坐标零度方向为________的正方向。

5. 当以编程原点作为极坐标系原点时，极坐标系中坐标点（*X*20.0 *Y*30.0）在直角坐标系中坐标为________。

6. 指令“G90 G17 G16；”中极坐标半径值是指________的距离，角度值是指________的夹角。

7. 常用的数控刀具材料有________、________、________、陶瓷、立方氮化硼、金刚石等。

8. 选择刀具材料时应考虑的因素有________、________、________、导热性、工艺性、经济性、抗黏结性和化学稳定性等。

二、判断题（正确的打“√”，错误的打“×”）

1. YT 类硬质合金中含钴量越多，刀片硬度越高，耐热性越好，但脆性越大。（　）

2. 在极坐标编程过程中要特别注意，极坐标编程不能用于子程序，否则将会出现程序报警。（　）

3. FANUC 系统圆弧插补指令中也能采用极坐标编程。（　）

4. 程序段“G91 G17 G16；”表示以刀具当前位置作为极坐标系原点。（　）

5. 执行指令 G92 时，*X*、*Y*、*Z* 轴均不移动，机床关机后，设定的工件坐标系也会消失。（　）

6. 图样尺寸以半径和角度的形式进行标注的零件，采用极坐标编程比用直角坐标系编程方便快捷。（　）

三、选择题（将正确答案的代号填入括号内）

1. 下列零件中，（　）宜采用极坐标编写程序。

A. 正多边形　　　　B. 孔圆周分布的孔类零件

C. 以半径与角度形式进行标注的零件　　D. 以上都可以

2. 极坐标系生效指令是（　　）。

A. G15　　B. G16

C. G17　　D. G18

3. 指令“G90 G17 G16 X100.0 Y30.0；”中，地址 Y 指定的是（　　）。

A. 旋转角度　　B. 极坐标系原点到刀具中心距离

C. *Y* 轴坐标位置　　D. 时间参数

4. 下列指令中，（　　）表示以工件坐标系零点作为极坐标系原点。

A. G90 G17 G16　　B. G90 G17 G15

C. G91 G17 G16　　D. G91 G17 G15

5. 下列指令中，用以表示局部坐标系指令的是（　　）。

A. G55　　B. G59

C. G92　　D. G52

6. 当以编程原点作为极坐标系原点时，则表示直角坐标系中坐标点（10.0，10.0）的极坐标为（　　）。

A.（*X*10.0 *Y*10.0）　　B.（*X*10.0 *Y*45.0）

C.（*X*14.14 *Y*10.0）　　D.（*X*14.14 *Y*45.0）

7. 在 G19 平面内采用极坐标编程时，用所选平面的（　　）坐标地址来指定极坐标角度，极坐标的零度方向为（　　）坐标轴的正方向。

A. 第二、第一　　B. 第一、第一

C. 第二、第二　　D. 第一、第三

任务❷　离合器零件加工

任务描述

车间现接到某企业离合器零件的加工订单，订单数量为 20 件，零件图如图 6-3 所示。毛坯材料为 45 钢，毛坯内、外轮廓已加工完成，本任务主要进行凸台的加工。试编写其加工程序并完成加工。

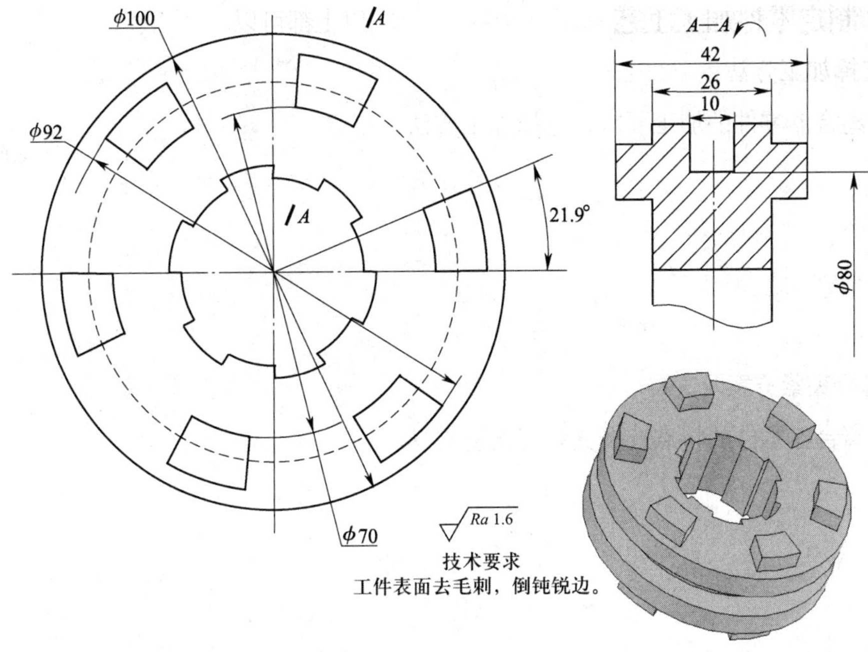

图 6-3　离合器零件

学习活动❶　离合器零件的加工工艺分析与编程

一、分析零件图，明确加工要求

1. 分析工作任务，写出本任务要加工的毛坯材料、毛坯尺寸和零件数量。

2. 分析零件图，明确加工内容（表面）及加工要求，完成表 6-12 的填写，为制定加工工艺做准备。

表 6-12　离合器零件的加工内容（表面）及加工要求

序号	加工内容（表面）	加工要求

二、制定零件加工工艺

1. 选择加工方法

根据离合器零件的加工要求，选择加工方法。

2. 选择夹紧方案及夹具

根据离合器零件的特点选择夹紧方案及夹具。

3. 选择刀具

选择什么刀具进行加工？刀具材料是什么？列出刀具各参数。

4. 确定加工顺序

根据离合器零件的加工要求和结构特点，确定各表面的加工顺序，完成表 6-13 的填写。

表 6-13　离合器零件的加工顺序

序号	加工内容（加工表面）	刀具号	刀具名称与规格	刀具材料

5. 设计加工路线

根据加工要求设计离合器零件单面凸台加工路线，填写表 6-14。

表 6-14　设计离合器零件单面凸台加工路线

序号	加工内容	单面凸台加工路线
1	粗加工去除加工余量	
2	精铣一个扇形轮廓（在右侧图中绘制加工路线）	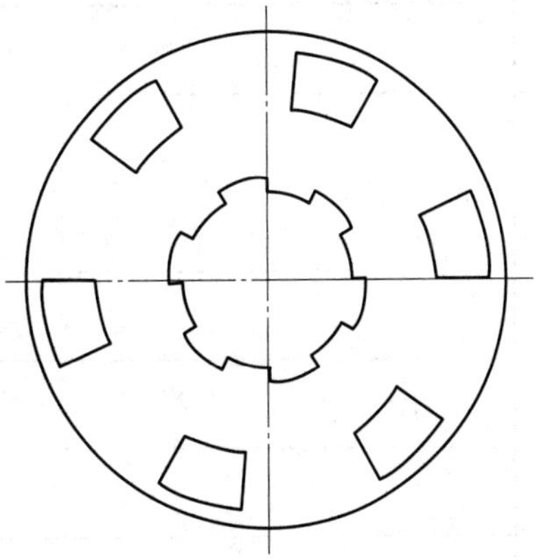
3	精铣其余扇形轮廓（在右侧图中标记轮廓加工次序）	

6. 确定切削用量

根据实际加工情况，写出本任务所用切削用量的具体数值。

7. 填写数控加工工艺卡

完成离合器零件数控加工工艺卡（表 6-15）的填写。

表6-15　离合器零件数控加工工艺卡

单位		数控加工工艺卡		产品代号	零件名称	零件图号
工艺序号	程序编号	夹具名称		夹具编号	使用设备	车间
工序号	工序内容（加工面）	刀具号	刀具规格	主轴转速 /（r/min）	进给速度 /（mm/min）	铣削深度 /mm
编制		审核		批准		共__页　第__页

三、编制数控加工程序

1. 编程指令

（1）写出坐标系旋转指令格式。

（2）对坐标系旋转指令格式进行说明。

（3）编程练习

现要在两块相同的铝料上分别加工相同的正方形轮廓，轮廓的位置居中，外形尺寸为 100 mm×100 mm，深度为 5 mm，但轮廓 1 的边与毛坯边平行，轮廓 2 的边与毛坯边成 20° 夹角，如图 6-4 所示。试完成轮廓 1 和轮廓 2 的精加工程序编制。

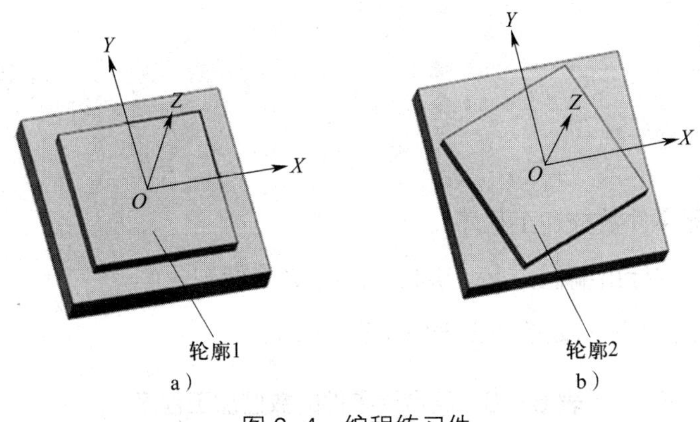

图 6-4 编程练习件

1）编程分析

轮廓 2 可看作轮廓 1 绕坐标系原点逆时针旋转 20° 而成，如图 6-5 所示。

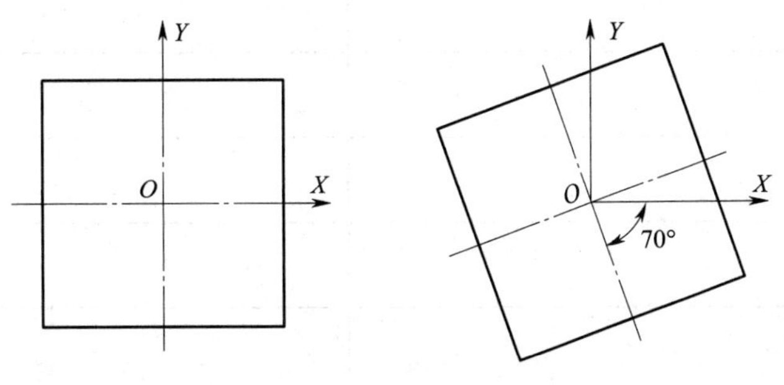

图 6-5 编程分析

2）轮廓 2 编程步骤

①构建旋转前的编程轮廓。

②规划构建轮廓的加工路线。

③编写构建轮廓的数控加工程序。

④合理加入坐标系旋转指令。

3）程序编制

编制精加工程序。

2. 编制离合器零件数控加工程序

（1）在图 6-3 中标出编程原点，绘制 X、Y、Z 坐标轴。

（2）编制离合器零件的数控加工程序（表 6-16）。

表 6-16　离合器零件的数控加工程序

程序段号	加工程序	程序说明

学习活动❷ 离合器零件的加工

一、加工准备

1. 工、量、刃具准备

根据离合器零件的加工需要，填写工、量、刃具清单（表6-17），并领取工、量、刃具。

表6-17 工、量、刃具清单

序号	名称	规格	数量	备注

2. 领取毛坯

领取毛坯并测量毛坯尺寸，判断毛坯是否有足够的加工余量。

3. 选择切削液

根据加工对象及所用刀具，领取本次加工所用切削液，写出切削液牌号。

二、加工零件

1. 完成零件加工。

2. 根据小组成员完成情况，修改、完善加工工艺。

三、保养机床、清理场地

按照 6S 管理的要求保养机床、清理场地。

学习活动❸　离合器零件的加工质量检测与分析

一、明确检测要素，领取检测量具

1. 离合器零件有哪些关键尺寸需要检测？说明原因及检测方法。

2. 根据离合器零件的检测要素，领取量具并说明检测内容，填入表 6-18 中。

表 6-18　量具及检测内容

序号	量具名称及规格	检测内容

二、加工质量检测

按表 6-19 所列项目和技术要求检测加工零件，将检测结果填入检测记录栏，并根据评分标准给出得分。

表 6-19　加工质量检测

<table>
<tr><td colspan="2">零件编号</td><td></td><td colspan="2">总得分</td><td colspan="2"></td></tr>
<tr><td>项目与权重</td><td>序号</td><td>技术要求</td><td>配分</td><td>评分标准</td><td>检测记录</td><td>得分</td></tr>
<tr><td rowspan="4">任务评分（60%）</td><td>1</td><td>ϕ92 mm</td><td>15</td><td>超差不得分</td><td></td><td></td></tr>
<tr><td>2</td><td>ϕ70 mm</td><td>15</td><td>超差不得分</td><td></td><td></td></tr>
<tr><td>3</td><td>21.9°</td><td>15</td><td>超差不得分</td><td></td><td></td></tr>
<tr><td>4</td><td>Ra1.6 μm</td><td>15</td><td>降级不得分</td><td></td><td></td></tr>
<tr><td rowspan="4">程序与加工工艺（20%）</td><td>5</td><td>坐标系旋转编程规范</td><td>5</td><td>每处不规范扣 1 分</td><td></td><td></td></tr>
<tr><td>6</td><td>程序正确、完整</td><td>5</td><td>每处错误扣 1 分</td><td></td><td></td></tr>
<tr><td>7</td><td>加工工艺合理</td><td>5</td><td>每处不合理扣 1 分</td><td></td><td></td></tr>
<tr><td>8</td><td>程序参数设置合理</td><td>5</td><td>每处不合理扣 1 分</td><td></td><td></td></tr>
<tr><td rowspan="4">机床操作（10%）</td><td>9</td><td>对刀及坐标系设定正确</td><td>3</td><td>每处错误扣 1 分</td><td></td><td></td></tr>
<tr><td>10</td><td>机床操作面板操作正确</td><td>2</td><td>每处错误扣 1 分</td><td></td><td></td></tr>
<tr><td>11</td><td>进给操作正确</td><td>3</td><td>每处错误扣 1 分</td><td></td><td></td></tr>
<tr><td>12</td><td>意外情况处理合理</td><td>2</td><td>每处不合理扣 1 分</td><td></td><td></td></tr>
<tr><td rowspan="3">安全文明生产（10%）</td><td>13</td><td>遵守安全生产规程</td><td>5</td><td>每处错误扣 1 分</td><td></td><td></td></tr>
<tr><td>14</td><td>机床维护与保养正确</td><td>3</td><td>每处错误扣 1 分</td><td></td><td></td></tr>
<tr><td>15</td><td>工作场所整理合格</td><td>2</td><td>不合格不得分</td><td></td><td></td></tr>
</table>

三、加工质量分析

分析不合格项目的产生原因，提出改进意见，填写表 6-20。

表 6-20　加工质量分析

序号	不合格项目	产生原因	改进意见

续表

序号	不合格项目	产生原因	改进意见

四、量具保养与归还

对所用量具进行规范保养并归还。

五、工作总结

1. 通过离合器零件的数控编程与加工，你学到哪些知识与技能？试从工艺制定方面、编程方面、加工操作方面、测量方面等进行阐述。

2. 试分析和总结在本任务完成过程中获得的经验和存在的不足。

____

____

____

____

____

____

____

____

____

____

____

____

巩固与提高

一、填空题（将正确答案填写在横线上）

1. 在 FANUC 0i 系统中坐标系旋转生效的指令是________，坐标系旋转取消的指令是__________。

2. 指令“G68 X20.0 Y20.0 R30.0;”表示以坐标点________作为旋转中心，___________时针旋转 30°。

3. 执行指令“G68 X0 Y0 R45.0; G01 X-10.0 Y10.0;”后，刀具中心所处的位置坐标是________________。

4. 10° 36′ =________°，45° 54′ =________°。

二、判断题（正确的打“√”，错误的打“×”）

1. 进行坐标系旋转编程后，刀具半径补偿的偏置方向将发生变化，即左刀补变为右刀补，右刀补变为左刀补。（　　）

2. 采用立铣刀加工内轮廓时，铣刀直径应小于或等于工件内轮廓最小曲率半径的 2 倍。（　　）

3. 不能在坐标系旋转指令中执行可编程镜像指令或比例缩放指令，也不能在坐标系旋转指令中执行刀具半径补偿指令。（　　）

4. 对于 FANUC 0i 系统，在坐标系旋转取消指令以后的第一个移动指令必须用绝对

值指定，否则将不执行正确的移动。 （ ）

5. 在坐标系旋转方式中，不能指定坐标系零点偏置指令 G54～G59，但能指定返回参考点指令 G28。 （ ）

6. 采用 CAD 绘图分析方法分析基点与节点坐标时，绘图的比例必须按 1∶1 进行。 （ ）

7. 在计算基点坐标的方法中，CAD 绘图分析方法最为简便。 （ ）

三、选择题（将正确答案的代号填入括号内）

1. 指令“G68 X15.0 Y20.0 R30.0；”中的 X15.0 Y20.0 是指（ ）。

A. 坐标系旋转的起点坐标　　B. 坐标系旋转的终点坐标

C. 坐标系旋转的旋转中心坐标　　D. 坐标系旋转的旋转半径与旋转角度

2. 执行指令“G68 X20.0 Y0.0 R30.0; G01 X10.0 Y0.0 F100；”后，刀具中心所到达的位置为（ ）。

A.（10.0，0.0）　　B.（8.66，5.0）

C.（11.34，-5.0）　　D.（11.34，5.0）

3. 在 FANUC 系统中，指定坐标旋转角度时，5° 54′的角度编程以（ ）表示。

A. 5° 54′　　B. 5.54°　　C. 5.06°　　D. 5.9°

4. 坐标系旋转指令中的 R 用来指定坐标系旋转的角度，可取（ ）。

A. 0～360°　　B. 180°～360°

C. −180°～180°　　D. −360°～360°

5. 在坐标系旋转方式中，能指定（ ）。

A. G28　　B. G92　　C. G41　　D. G59

任务❸　模具型腔零件加工

任务描述

车间现接到某企业模具型腔零件的加工订单，订单数量为 5 件，零件图如图 6-6 所示。毛坯材料为 45 钢，毛坯外轮廓及孔已加工完成，本任务主要进行内轮廓的加工。试编写其加工程序并完成加工。

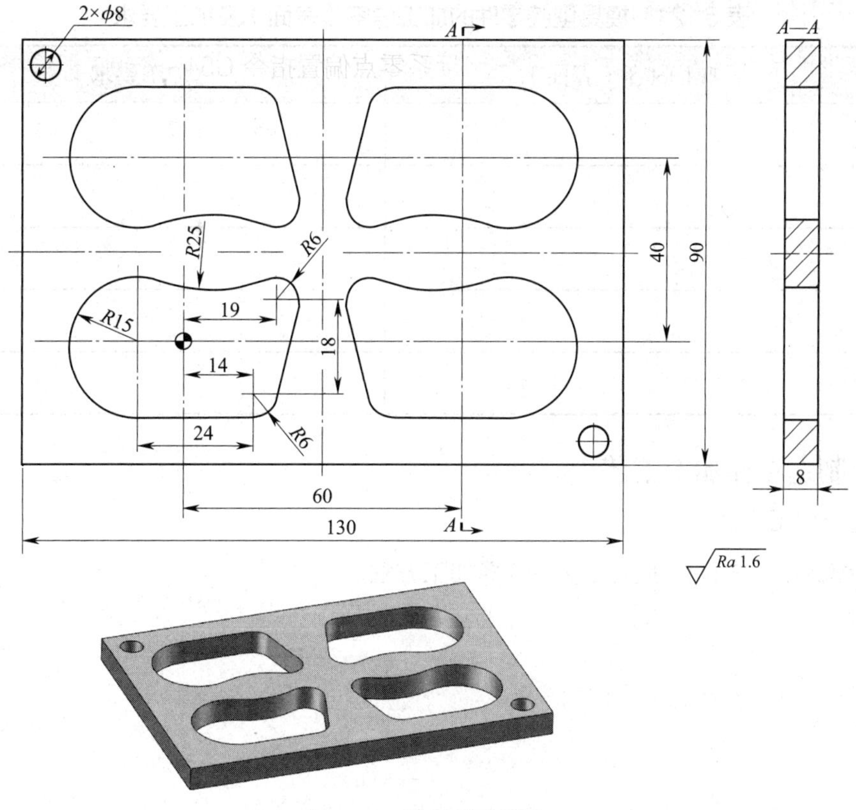

图 6-6　模具型腔零件

学习活动❶　模具型腔零件的加工工艺分析与编程

一、分析零件图，明确加工要求

1. 分析工作任务，写出本任务要加工的毛坯材料、毛坯尺寸和零件数量。

2. 分析零件图，明确加工内容（表面）及加工要求，完成表 6-21 的填写，为制定加工工艺做准备。

表 6-21　模具型腔零件的加工内容（表面）及加工要求

序号	加工内容（表面）	加工要求

二、制定零件加工工艺

1. 选择加工方法

根据模具型腔零件的加工要求，选择加工方法。

2. 选择夹紧方案及夹具

根据模具型腔零件的特点选择夹紧方案及夹具。

3. 选择刀具

选择什么刀具进行加工？刀具材料是什么？列出刀具各参数。

4. 确定加工顺序

根据模具型腔零件的加工要求和结构特点，确定各表面的加工顺序，填写表 6-22。

表 6-22　模具型腔零件加工顺序

序号	加工内容（加工表面）	刀具号	刀具名称与规格	刀具材料

5. 设计加工路线

根据加工要求设计模具型腔零件加工路线，填写表 6-23。

表 6-23　模具型腔零件加工路线

序号	加工内容	加工路线
1	粗加工去除加工余量	
2	精铣一个轮廓（在右侧图中绘制加工路线）	
3	依次精铣其余轮廓（在右侧图中标记轮廓加工次序）	

6. 确定切削用量

根据实际加工情况，写出本任务所用切削用量的具体数值。

7. 填写数控加工工艺卡

完成模具型腔零件数控加工工艺卡（表 6-24）的填写。

表 6-24 模具型腔零件数控加工工艺卡

单位		数控加工工艺卡		产品代号	零件名称	零件图号
工艺序号	程序编号	夹具名称		夹具编号	使用设备	车间
工序号	工序内容（加工面）	刀具号	刀具规格	主轴转速 /（r/min）	进给速度 /（mm/min）	铣削深度 /mm
编制		审核		批准		共__页 第__页

三、编制数控加工程序

1. 编程指令

（1）可编程镜像指令

学习可编程镜像指令，完成表 6-25 的填写。

表 6-25 可编程镜像指令格式与说明

格式一		指令说明
G17 G51.1 X__ Y__;	镜像开始	
…	镜像方式	
G50.1;	镜像结束	

续表

格式二		指令说明
G17 G51 X__ Y__ I__ J__;	镜像开始	
…	镜像方式	
G50;	镜像结束	

（2）编程练习

编程练习件如图 6-7 所示，材料为 45 钢。请先对其进行编程分析，然后进行编程步骤设计，最后完成四个轮廓半精加工程序编制。

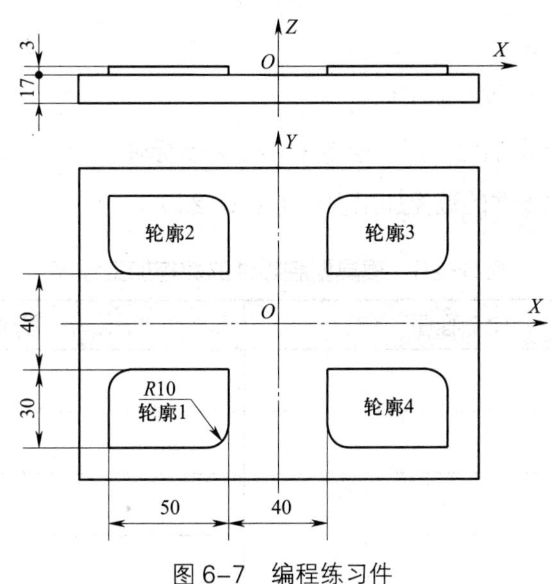

图 6-7　编程练习件

1）编程分析。

2）编程步骤设计。

3）程序编制。

2. 编制模具型腔零件数控加工程序

（1）在图 6-6 中标出编程原点，绘制 X、Y、Z 坐标轴。

（2）编制模具型腔零件的数控加工程序（表 6-26）。

表 6-26　模具型腔零件的数控加工程序

程序段号	加工程序	程序说明

学习活动❷ 模具型腔零件的加工

一、加工准备

1. 工、量、刃具准备

根据模具型腔零件的加工需要，填写工、量、刃具清单（表6-27），并领取工、量、刃具。

表6-27 工、量、刃具清单

序号	名称	规格	数量	备注

2. 领取毛坯

领取毛坯并测量毛坯尺寸，判断毛坯是否有足够的加工余量。

3. 选择切削液

根据加工对象及所用刀具，领取本次加工所用切削液，写出切削液牌号。

二、加工零件

1. 完成零件加工。

2. 根据小组成员完成情况，修改、完善加工工艺。

三、保养机床、清理场地

按照 6S 管理的要求保养机床、清理场地。

学习活动❸ 模具型腔零件的加工质量检测与分析

一、明确检测要素，领取检测量具

1. 模具型腔零件有哪些关键尺寸需要检测？说明原因及检测方法。

2. 根据模具型腔零件的检测要素，领取量具并说明检测内容，填入表 6-28 中。

表 6-28　量具及检测内容

序号	量具名称及规格	检测内容

二、加工质量检测

按表 6-29 所列项目和技术要求检测加工零件，将检测结果填入检测记录栏，并根据评分标准给出得分。

表 6-29　加工质量检测

零件编号			总得分			
项目与权重	序号	技术要求	配分	评分标准	检测记录	得分
任务评分（60%）	1	40 mm	6	超差不得分		
	2	60 mm	6	超差不得分		
	3	*R*25 mm	6	超差不得分		
	4	*R*15 mm	6	超差不得分		
	5	*R*6 mm	6	超差不得分		
	6	18 mm	6	超差不得分		
	7	19 mm	6	超差不得分		
	8	14 mm	6	超差不得分		
	9	24 mm	6	超差不得分		
	10	*Ra*1.6 μm	6	降级不得分		

续表

项目与权重	序号	技术要求	配分	评分标准	检测记录	得分
程序与加工工艺（20%）	11	坐标镜像编程规范	5	每处不规范扣 1 分		
	12	程序正确、完整	5	每处错误扣 1 分		
	13	加工工艺合理	5	每处不合理扣 1 分		
	14	程序参数设置合理	5	每处不合理扣 1 分		
机床操作（10%）	15	对刀及坐标系设定正确	3	每处错误扣 1 分		
	16	机床操作面板操作正确	2	每处错误扣 1 分		
	17	进给操作正确	3	每处错误扣 1 分		
	18	意外情况处理合理	2	每处不合理扣 1 分		
安全文明生产（10%）	19	遵守安全生产规程	5	每处错误扣 1 分		
	20	机床维护与保养正确	3	每处错误扣 1 分		
	21	工作场所整理合格	2	不合格不得分		

三、加工质量分析

分析不合格项目的产生原因，提出改进意见，填写表 6-30。

表 6-30　加工质量分析

序号	不合格项目	产生原因	改进意见

四、量具保养与归还

对所用量具进行规范保养并归还。

五、工作总结

1. 通过模具型腔零件的数控编程与加工，你学到哪些知识与技能？试从工艺制定方面、编程方面、加工操作方面、测量方面等进行阐述。

2. 试分析和总结在本任务完成过程中获得的经验和存在的不足。

____

____

____

____

____

____

巩固与提高

一、填空题（将正确答案填写在横线上）

1. 在 FANUC 0i 系统中采用的镜像编程指令有__________和__________，相应的镜像取消指令有__________和__________。

2.“G17 G51.1 X20.0；”表示______________________________。

3. 指令“G51 X__ Y__ Z__ P__；”中的 *X*、*Y*、*Z* 值作用有两个：第一，选择比例缩放的轴；第二，指定________________，P 为进行缩放的________________。

4. 当指令“G51 X__ Y__ I__ J__；”中的 *I*、*J* 值为负值且不等于 -1 时，执行该指令表示既进行________________又进行________________。

5. 指令“G51 P2000；”中的缩放中心为____________。

二、判断题（正确的打“√”，错误的打“×”）

1. 指令“G51 X1.5 Y2.0；”表示在 *X* 轴方向的缩放比例是 1.5 倍，在 *Y* 轴方向的缩放比例是 2.0 倍。（　　）

2. 指令“G51 X1.5 Y2.0 P2000；”中 P 值不能用小数点指定。（　　）

3. 执行指令“G51.1 X10.0 Y10.0；”后，原程序中的 G02 指令变成了 G03 指令。（　　）

4. 执行指令“G51.1 X10.0；”后，原程序中的左刀补变成了右刀补。（　　）

三、选择题（将正确答案的代号填入括号内）

1. 指令“G51 X2.0 Y1.5；”的缩放比例为（　　）。

A. 2.0　　B. 1.5

C. 不等比例缩放　　D. 由系统参数确定的

2. 如果在比例缩放编程中编写刀具半径补偿，则刀补程序段写在缩放程序段的（　　）。

A. 内部　　B. 外部

C. 任意位置　　D. 不能编写刀补程序段

3. 比例缩放对下列值中除（　　）外的值无效。

A. 刀具半径补偿值　　B. 刀具长度补偿值

C. 刀具磨损值　　D. 圆弧插补半径值

4. 在执行以下可编程镜像指令过程中，刀具半径补偿的偏置方向与镜像前比没有变化的指令是（　　）。

A. G51.1 X10.0 Y10.0；　　B. G51 X10.0 I-1.0；

C. G51.1 X10.0；　　D. G51.1 Y10.0；

项目七
宏程序编程

任务❶　喷丝板零件加工

任务描述

车间现接到某企业喷丝板零件的加工订单，订单数量为 5 件，零件图如图 7-1 所示。毛坯材料为 45 钢，毛坯尺寸为 100 mm×80 mm×15 mm。试编写其加工程序并完成加工。

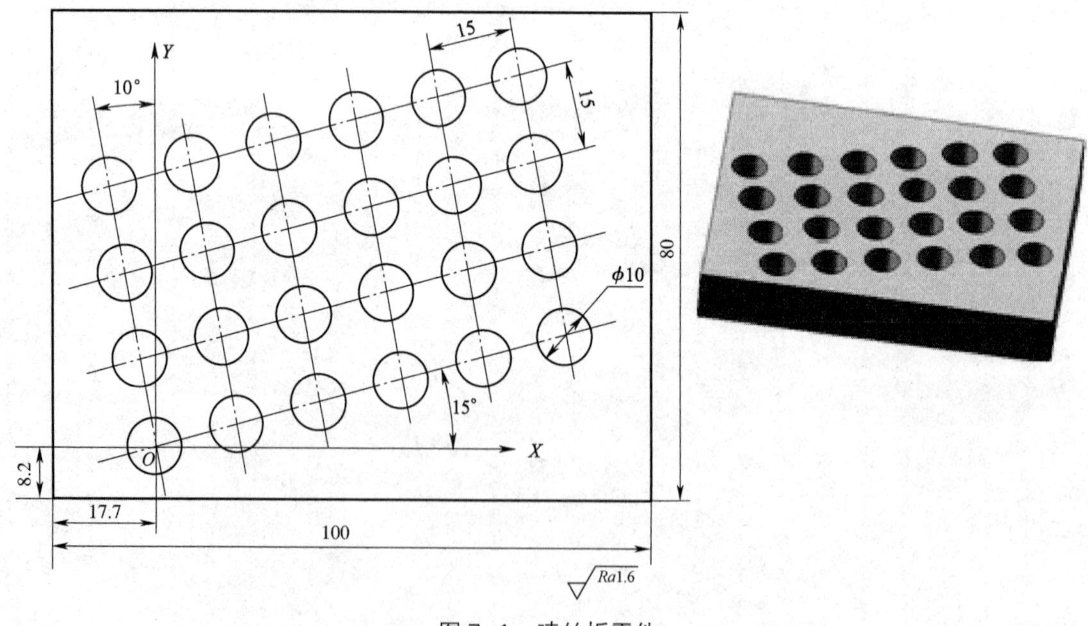

图 7-1　喷丝板零件

学习活动❶ 喷丝板零件的加工工艺分析与编程

一、分析零件图，明确加工要求

1. 分析工作任务，写出本任务要加工的毛坯材料、毛坯尺寸和零件数量。

2. 分析零件图，明确加工内容（表面）及加工要求，完成表 7-1 的填写，为制定加工工艺做准备。

表 7-1 喷丝板零件的加工内容（表面）及加工要求

序号	加工内容（表面）	加工要求

二、制定零件加工工艺

1. 选择加工方法

根据喷丝板零件的加工要求，选择加工方法。

2. 选择夹紧方案及夹具

根据喷丝板零件的特点选择夹紧方案及夹具。

3. 选择刀具

选择什么刀具进行加工？刀具材料是什么？列出刀具各参数。

4. 确定加工顺序

根据喷丝板零件的加工要求和结构特点，确定各表面的加工顺序，完成表 7-2 的填写。

表 7-2　喷丝板零件加工顺序

序号	加工内容（加工表面）	刀具号	刀具名称与规格	刀具材料

5. 设计加工路线

根据加工要求设计喷丝板零件孔加工路线，填写表 7-3。

表 7-3 喷丝板零件孔加工路线

项目	孔加工路线	结论
方案一	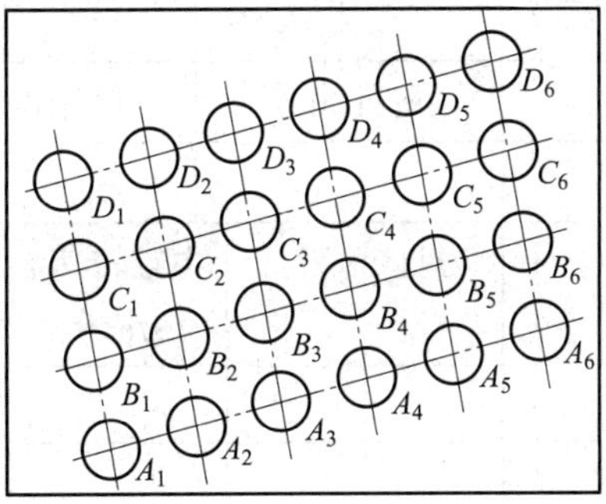 （1）定位孔（用中心钻）。顺序：先依次完成 A 系孔定位，然后完成 B 系、C 系、D 系孔定位 （2）钻孔。孔加工顺序同上 （3）铰孔。孔加工顺序同上	
方案二	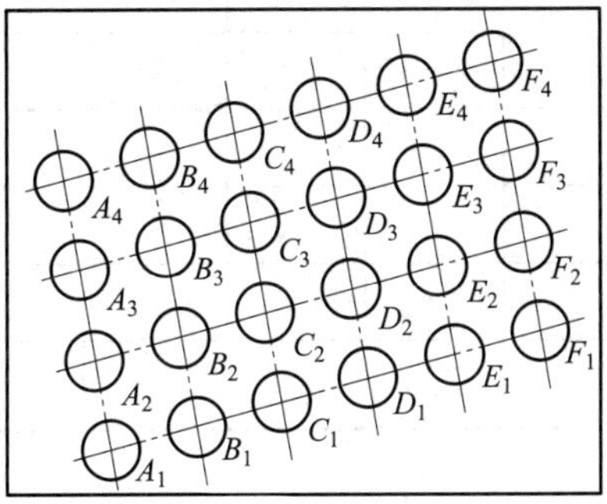 （1）定位孔（用中心钻）。顺序：先依次完成 A 系孔定位，然后完成 B 系、C 系、D 系、E 系、F 系孔定位 （2）钻孔。孔加工顺序同上 （3）铰孔。孔加工顺序同上	

6. 确定切削用量

根据实际加工情况，写出本任务所用切削用量的具体数值。

7. 填写数控加工工艺卡

完成喷丝板零件数控加工工艺卡（表 7-4）的填写。

表 7-4　喷丝板零件数控加工工艺卡

<table>
<tr><td rowspan="2">单位</td><td rowspan="2"></td><td rowspan="2">数控加工工艺卡</td><td>产品代号</td><td>零件名称</td><td>零件图号</td></tr>
<tr><td></td><td></td><td></td></tr>
<tr><td>工艺序号</td><td>程序编号</td><td>夹具名称</td><td>夹具编号</td><td>使用设备</td><td>车间</td></tr>
<tr><td></td><td></td><td></td><td></td><td></td><td></td></tr>
</table>

工序号	工序内容（加工面）	刀具号	刀具规格	主轴转速 /（r/min）	进给速度 /（mm/min）	背吃刀量 / mm

编制		审核		批准		共__页　第__页

三、编制数控加工程序

1. 变量应用练习

变量应用练习件如图 7-2 所示。试完成其数控加工程序编制，要求使用变量 #101 替代四方轮廓的边长尺寸 40 mm，使程序更加灵活。已知毛坯尺寸为 50 mm × 50 mm × 20 mm，毛坯材料为 45 钢。

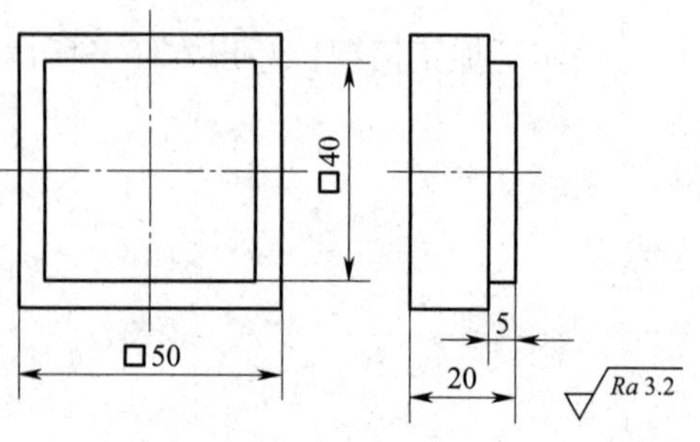

图 7-2　变量应用练习件

2. 宏程序编程练习

（1）描述图 7-3 所示零件上四个均布孔的数学关系。

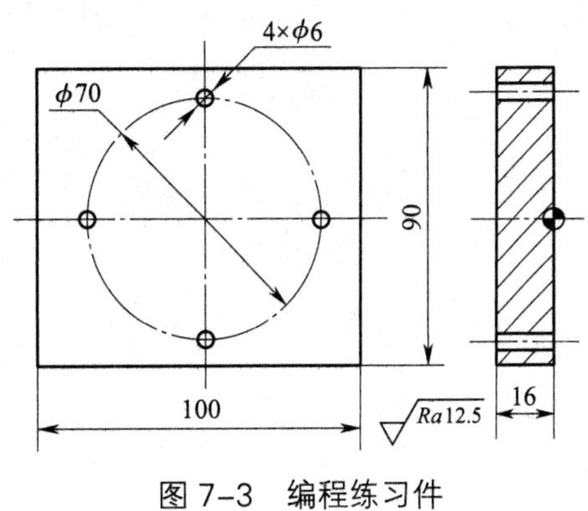

图 7-3　编程练习件

（2）根据孔加工流程图（图 7-4），编制图 7-3 所示零件上四个均布孔加工的宏程序（毛坯材料为 45 钢）。

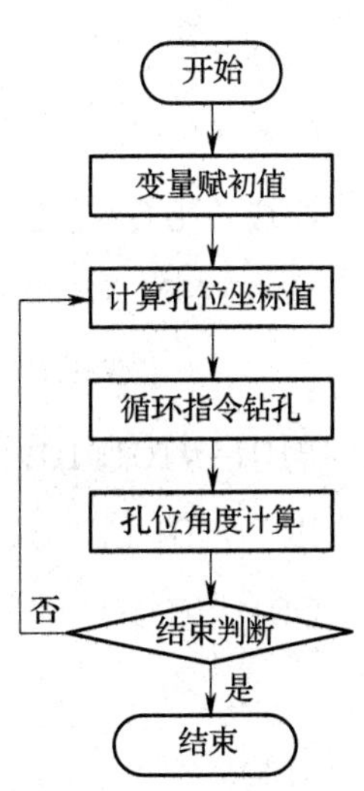

图 7-4　孔加工流程图

（3）如果是二十个均布孔，如何编制其加工程序？

3. 识读程序

根据给出的程序，在图 7-5 中画出刀具中心在 *XY* 平面内的运行轨迹。

```
O11;
G94 G40 G80 G54 G90;
M03 S500;
#101=10;
G00 X0 Y0;
G01 Z-5.0 F100;
N100 G01 X#101;
          Y#101;
#101=#101+10;
IF [ #101 LE 50 ] GOTO 100;
G01 Z50.0;
M05;
M30;
```

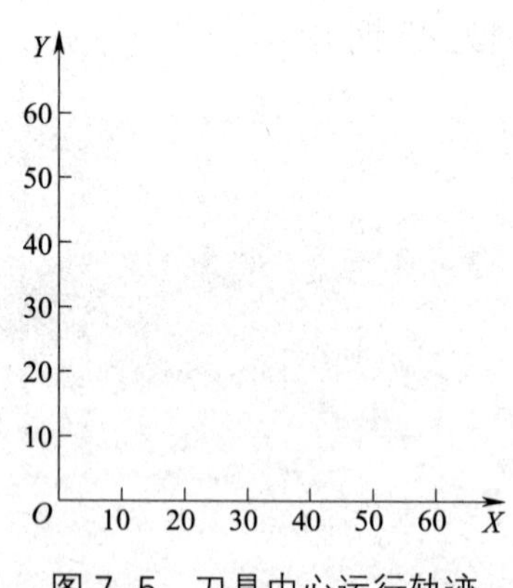

图 7-5　刀具中心运行轨迹

4. 编制喷丝板零件数控加工程序

（1）在图 7-1 中标出编程原点，绘制 *X*、*Y*、*Z* 坐标轴。

（2）编制喷丝板零件的数控加工程序（表 7-5）。

表 7-5 喷丝板零件的数控加工程序

程序段号	加工程序	程序说明

学习活动❷ 喷丝板零件的加工

一、加工准备

1. 工、量、刃具准备

根据喷丝板零件的加工需要，填写工、量、刃具清单（表 7-6），并领取工、量、刃具。

表 7-6 工、量、刃具清单

序号	名称	规格	数量	备注

续表

序号	名称	规格	数量	备注

2. 领取毛坯

领取毛坯并测量毛坯尺寸，判断毛坯是否有足够的加工余量。

3. 选择切削液

根据加工对象及所用刀具，领取本次加工所用切削液，写出切削液牌号。

二、加工零件

1. 完成零件加工。
2. 根据小组成员完成情况，修改、完善加工工艺。

三、保养机床、清理场地

按照 6S 管理的要求保养机床、清理场地。

学习活动❸ 喷丝板零件的加工质量检测与分析

一、明确检测要素，领取检测量具

1. 喷丝板零件有哪些关键尺寸需要检测？说明原因及检测方法。

2. 根据喷丝板零件的检测要素，领取量具并说明检测内容，填入表 7-7 中。

表 7-7 量具及检测内容

序号	量具名称及规格	检测内容

二、加工质量检测

按表 7-8 所列项目和技术要求检测加工零件，将检测结果填入检测记录栏，并根据评分标准给出得分。

表 7-8 加工质量检测

<table>
<tr><td colspan="2">零件编号</td><td></td><td colspan="2">总得分</td><td colspan="2"></td></tr>
<tr><td>项目与权重</td><td>序号</td><td>技术要求</td><td>配分</td><td>评分标准</td><td>检测记录</td><td>得分</td></tr>
<tr><td rowspan="2">任务评分
（40%）</td><td>1</td><td>孔位置正确</td><td>20</td><td>超差不得分</td><td></td><td></td></tr>
<tr><td>2</td><td>孔尺寸正确</td><td>20</td><td>超差不得分</td><td></td><td></td></tr>
</table>

续表

项目与权重	序号	技术要求	配分	评分标准	检测记录	得分
程序与加工工艺（30%）	3	宏程序编程正确、规范	10	每处不正确或不规范扣 2 分		
	4	变量设置合理	10	每处不合理扣 2 分		
	5	加工工艺合理	10	每处不合理扣 2 分		
机床操作（20%）	6	对刀及坐标系设定正确	5	每处错误扣 1 分		
	7	机床操作面板操作正确	5	每处错误扣 1 分		
	8	进给操作正确	5	每处错误扣 1 分		
	9	意外情况处理合理	5	每处不合理扣 1 分		
安全文明生产（10%）	10	遵守安全生产规程	5	每处错误扣 1 分		
	11	机床维护与保养正确	3	每处错误扣 1 分		
	12	工作场所整理合格	2	不合格不得分		

三、加工质量分析

分析不合格项目的产生原因，提出改进意见，填写表 7-9。

表 7-9　加工质量分析

序号	不合格项目	产生原因	改进意见

四、量具保养与归还

对所用量具进行规范保养并归还。

五、工作总结

1. 通过喷丝板零件的数控编程与加工，你学到哪些知识与技能？试从工艺制定方面、编程方面、加工操作方面、测量方面等进行阐述。

2. 试分析和总结在本任务完成过程中获得的经验和存在的不足。

巩固与提高

一、填空题（将正确答案填写在横线上）

1. 用户宏程序分成两类，即__________宏程序和__________宏程序。这两种宏程序中能用符号“=”进行赋值的是__________宏程序。

2. 变量由符号“__________”和变量号组成，共分成__________变量、__________变量和系统变量三种。

3. 将数学表达式转化为 B 类宏程序表达式：

#101=6×（302×40-20）____；

#100=sin30° ×cos50° ____；

#102=10×124$^{0.5}$/5____。

4. 变量的赋值可采用__________与__________的方法。

5. 宏程序数学运算的顺序依次为__________、__________、加减运算。

6. #100=10，#101=20，#103=#100+#101+50，则“G01 X［#100+5］Y-#101 F#103；”表示______________________________。

7. 当 #1=5，#2=10，变量 #［#1+#2+5］表示______________________________。

8. B 类宏程序的有条件转移语句的格式为______________________________________，循环指令的格式为 WHILE［条件表达式］DO m。

二、判断题（正确的打“√”，错误的打“×”）

1. 表达式“30.0+20.0=#100；”是一个正确的变量赋值表达式。 （ ）

2. B 类宏程序的运算指令中函数 SIN、COS 等的角度单位是度（°），分（′）和秒（″）要换算成带小数点的度（°）。 （ ）

3. B 类宏程序函数中的括号允许嵌套使用，但最多只允许嵌套 5 级。 （ ）

4. 宏程序指令“WHILE［条件表达式］DO m”中的“m”表示循环执行 WHILE 与 END 之间程序段的次数。 （ ）

5. 当宏程序 A 调用宏程序 B，而且都有变量 #30 时，两个 #30 必须赋相同的值，否则程序不能执行。 （ ）

6. 指令 IF［#100 LE 0］GOTO 200 表示当 #100 ≥ 0 时，程序跳转到 N200 程序段执行，如果条件不成立，则执行下一程序段。 （ ）

7. FANUC 0i 系统通常采用 A 类宏程序。 （ ）

8. “#101=30.0+20.0；”不是直接赋值。 （ ）

9. 变量可以用表达式表示，但其表达式必须全部写入方括号中，例 #［#2+#3+5］。 （ ）

三、选择题（将正确答案的代号填入括号内）

1. 下列变量中，属于局部变量的是（　　）。

A. #10　　B. #100　　C. #500　　D. #1000

2. 下列变量在程序中的书写形式有错误的是（　　）。

A. X-#100　　B. Y［#1+#2］　　C. SIN［-#100］　　D. IF #100 LE 0

3. 指令“#1=#2+#3*SIN［#4］；”中最先进行运算的是（　　）运算。

A. 赋值　　B. 加　　C. 乘　　D. 正弦函数

4. B 类宏程序用于开平方根的字符是（　　）。

A. ROUND　　B. SQRT　　C. ABS　　D. FIX

5. 在宏程序中用于执行取绝对值的字符为（　　）。

A. SQRT　　B. ABS　　C. COS　　D. FUP

6. 宏程序计算中 18° 30′表示为（　　）。

A. 18.33°　　B. 18.333°　　C. 18.3°　　D. 18.5°

四、编程题

拟加工一批如图 7-6 所示的工件，毛坯与轮廓尺寸有可能是 60 mm 与 40 mm、40 mm 与 20 mm、70 mm 与 50 mm，毛坯厚度为 20 mm，材料为 45 钢，试用变量编制一个公共程序，待加工任务要求下达后，只需改变变量，即可利用程序加工出符合要求的工件。

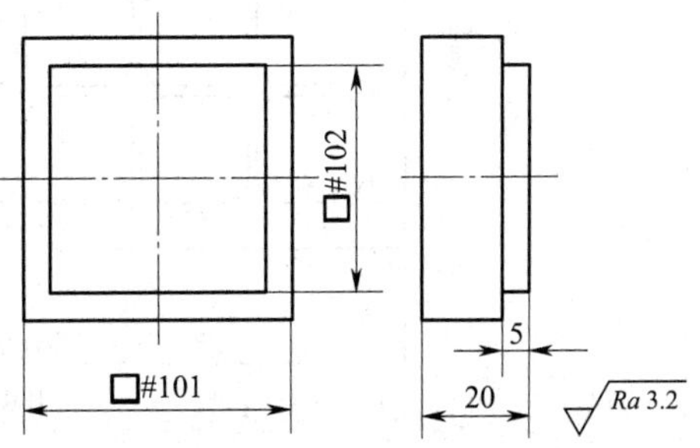

图 7-6　宏程序编程练习件

任务❷　网格零件加工

任务描述

车间现接到某企业网格零件的加工订单，订单数量为 10 件，零件图如图 7-7 所示。毛坯材料为 45 钢，毛坯尺寸为 180 mm × 180 mm × 8 mm。试编写其加工程序并完成加工。

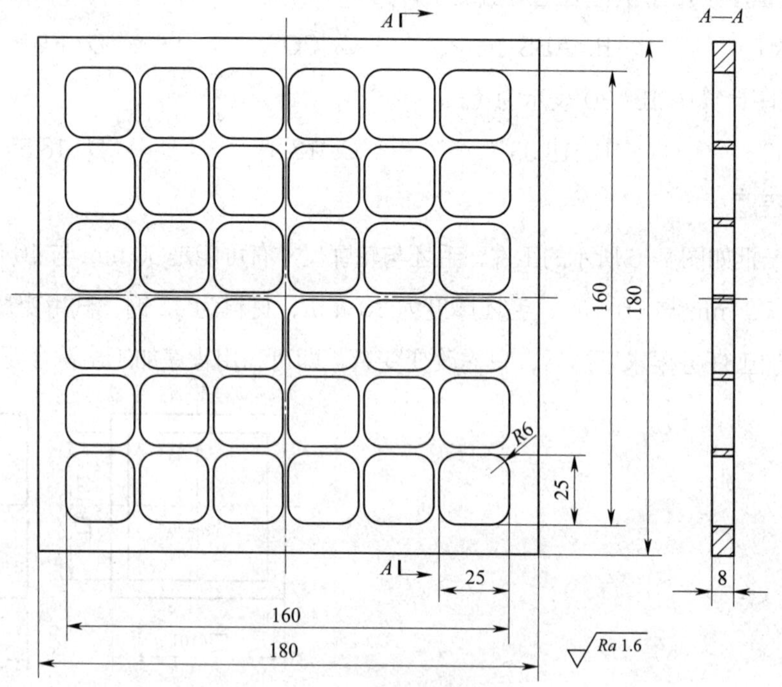

图 7-7　网格零件

学习活动❶ 网格零件的加工工艺分析与编程

一、分析零件图，明确加工要求

1. 分析工作任务，写出本任务要加工的毛坯材料、毛坯尺寸和零件数量。

2. 分析零件图，明确加工内容（表面）及加工要求，完成表 7-10 的填写，为制定加工工艺做准备。

表 7-10 网格零件的加工内容（表面）及加工要求

序号	加工内容（表面）	加工要求

二、制定零件加工工艺

1. 选择加工方法

根据网格零件的加工要求，选择加工方法。

2. 选择夹紧方案及夹具

根据网格零件的特点选择夹紧方案及夹具。

3. 选择刀具

选择什么刀具进行加工？刀具材料是什么？列出刀具各参数。

4. 确定加工顺序

结合网格零件的加工要求和结构特点，确定各表面的加工顺序，完成表 7-11 的填写。

表 7-11　网格零件的加工顺序

序号	加工内容（加工表面）	刀具号	刀具名称与规格	刀具材料

5. 设计加工路线

根据加工要求设计网格零件加工路线，填写表 7-12。

表 7-12　网格零件加工路线

序号	加工内容	加工路线
1	粗加工去除加工余量	
2	精铣一个轮廓（在右侧图中绘制加工路线）	
3	依次精铣其余轮廓（在右侧图中标记轮廓加工次序）	

6. 确定切削用量

根据实际加工情况，写出本任务所用切削用量的具体数值。

7. 填写数控加工工艺卡

完成网格零件数控加工工艺卡（表 7-13）的填写。

表 7-13　网格零件数控加工工艺卡

<table>
<tr><td rowspan="2">单位</td><td rowspan="2"></td><td rowspan="2" colspan="2">数控加工工艺卡</td><td>产品代号</td><td>零件名称</td><td>零件图号</td></tr>
<tr><td></td><td></td><td></td></tr>
<tr><td>工艺序号</td><td>程序编号</td><td colspan="2">夹具名称</td><td>夹具编号</td><td>使用设备</td><td>车间</td></tr>
<tr><td></td><td></td><td colspan="2"></td><td></td><td></td><td></td></tr>
</table>

工序号	工序内容（加工面）	刀具号	刀具规格	主轴转速 /（r/min）	进给速度 /（mm/min）	铣削深度 /mm

编制		审核		批准		共__页　第__页

三、编制数控加工程序

1. 编制圆周孔加工宏程序练习

绘制如图 7-8 所示零件孔加工宏程序流程图（孔直径自定义），并根据流程图编制孔加工宏程序（毛坯材料为 45 钢）。

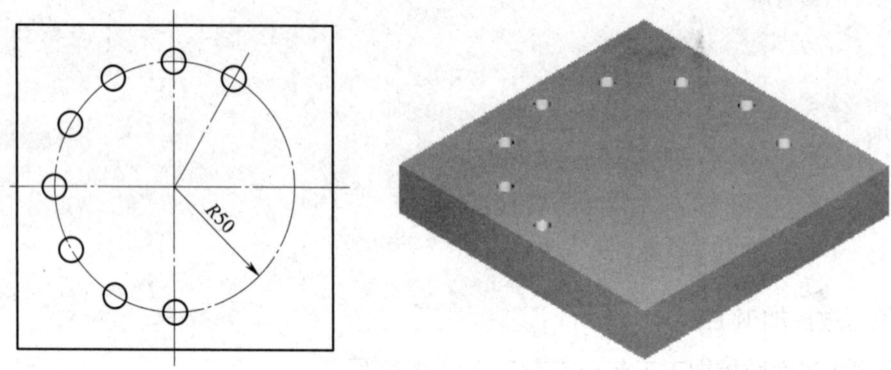

图 7-8　编程练习件

2. 编制阵列分布孔加工宏程序练习

绘制如图 7-9 所示零件孔加工宏程序流程图（孔直径自定义），并根据流程图编制孔加工宏程序（毛坯材料为 45 钢）。

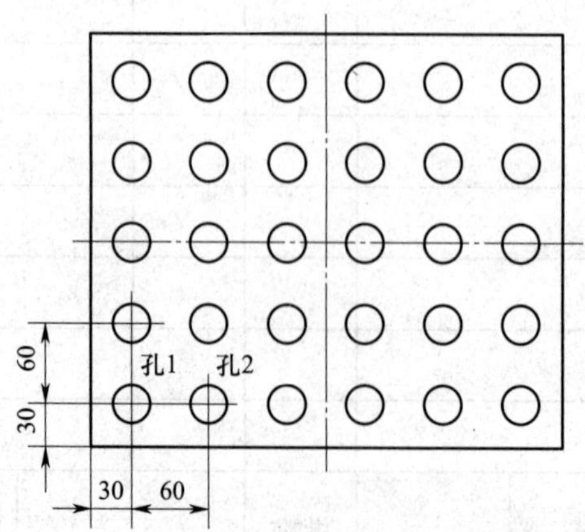

图 7-9　编程练习件

3. 编制网格零件数控加工程序

（1）在图 7-7 中标出编程原点，绘制 X、Y、Z 坐标轴。

（2）编制网格零件的数控加工程序（表 7-14）。

表 7-14　网格零件的数控加工程序

程序段号	加工程序	程序说明

学习活动❷　网格零件的加工

一、加工准备

1. 工、量、刃具准备

根据网格零件的加工需要，填写工、量、刃具清单（表7-15），并领取工、量、刃具。

表7-15　工、量、刃具清单

序号	名称	规格	数量	备注

2. 领取毛坯

领取毛坯并测量毛坯尺寸，判断毛坯是否有足够的加工余量。

3. 选择切削液

根据加工对象及所用刀具，领取本次加工所用切削液，写出切削液牌号。

二、加工零件

1. 完成零件加工。

2. 根据小组成员完成情况，修改、完善加工工艺。

三、保养机床、清理场地

按照 6S 管理的要求保养机床、清理场地。

学习活动❸ 网格零件的加工质量检测与分析

一、明确检测要素，领取检测量具

1. 网格零件有哪些关键尺寸需要检测？说明原因及检测方法。

2. 根据网格零件的检测要素，领取量具并说明检测内容，填入表 7-16 中。

表 7-16 量具及检测内容

序号	量具名称及规格	检测内容

二、加工质量检测

按表 7-17 所列项目和技术要求检测加工零件，将检测结果填入检测记录栏，并根据评分标准给出得分。

表 7-17 加工质量检测

零件编号			总得分			
项目与权重	序号	技术要求	配分	评分标准	检测记录	得分
任务评分（40%）	1	25 mm	8	超差不得分		
	2	$R6$ mm	8	超差不得分		
	3	160 mm	8	超差不得分		
	4	型腔位置正确	8	超差不得分		
	5	$Ra1.6$ μm	8	降级不得分		
程序与加工工艺（30%）	6	宏程序编程正确、规范	10	每处不正确或不规范扣 2 分		
	7	变量设置合理	10	每处不合理扣 2 分		
	8	加工工艺合理	10	每处不合理扣 2 分		
机床操作（20%）	9	对刀及坐标系设定正确	5	每处错误扣 2.5 分		
	10	机床操作面板操作正确	5	每处错误扣 2.5 分		
	11	进给操作正确	5	每处错误扣 2.5 分		
	12	意外情况处理合理	5	每处不合理扣 2.5 分		
安全文明生产（10%）	13	遵守安全生产规程	5	每处错误扣 2.5 分		
	14	机床维护与保养正确	3	每处错误扣 1 分		
	15	工作场所整理合格	2	不合格不得分		

三、加工质量分析

分析不合格项目的产生原因，提出改进意见，填写表 7-18。

表 7-18 加工质量分析

序号	不合格项目	产生原因	改进意见

续表

序号	不合格项目	产生原因	改进意见

四、量具保养与归还

对所用量具进行规范保养并归还。

五、工作总结

1. 通过网格零件的数控编程与加工，你学到哪些知识与技能？试从工艺制定方面、编程方面、加工操作方面、测量方面等进行阐述。

2. 试分析和总结在本任务完成过程中获得的经验和存在的不足。

巩固与提高

一、填空题（将正确答案填写在横线上）

1. 宏程序中的变量以角度形式指定时，其最小单位是__________。

2. 表达式 #i=ATAN［#j］代表的意义是__________。

二、判断题（正确的打“√”，错误的打“×”）

1. 变量不仅可以进行赋值，也可以进行加减乘除及函数的运算处理。（ ）

2. 变量的赋值可在程序中进行，也可用 MDI 方式直接赋值。（ ）

3. B 类宏程序中的函数 SIN、COS 等的单位是 0.001°。（ ）

4. 若 #101=20，#102=10，#103=#101/#102，则 #103=2。（ ）

5. 在宏程序中的“=”有两种含义，一种是比较，一种是定义。（ ）

6. 圆弧程序段“G03 X____ Y____ I____ J____；”，无论是在 G90 方式还是在 G91 方式下，只要 I、J 为“0”即可省略不写。（ ）

三、选择题（将正确答案的代号填入括号内）

1. 圆的一般方程为 $x^2-12x+y^2-12y+47=0$，则该圆圆心坐标及半径分别为（ ）。

A.（6，-6），6　　B.（-6，6），10

C.（6，6），5　　D.（12，6），5

2. 直线方程的标准形式为 $y=kx+b$，其中 b 是（ ）。

A. 直线的斜率　　B. 直线在 X 轴上的截距

C. 直线在 Y 轴上的截距　　D. 直线在 Z 轴上的截距

3. 程序段“G68 X0 Y0 R#100；”中，#100 的单位是（ ）。

A. mm　　B. in　　C. 倍率　　D. °

4. 宏程序计算中 18° 18′表示为（ ）。

A. 18.18°　　B. 18.018°　　C. 18.3°　　D. 18.5°

5. 图 7-10 所示的正弦曲线的振幅为（　　）。

A. 10　　B. 30

C. 20　　D. 60

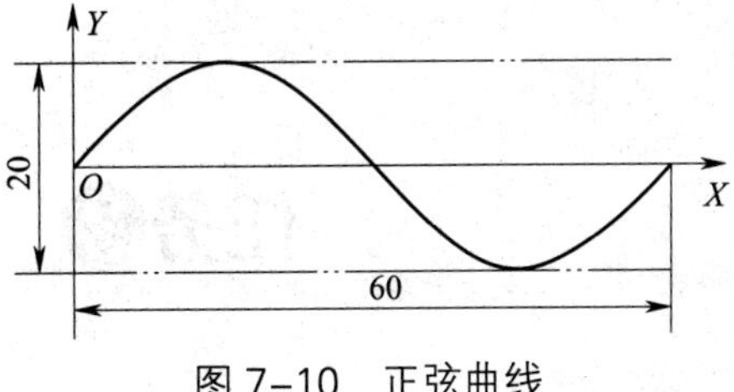

图 7-10　正弦曲线

6. 指令“#100=#100-#101*TAN［#100］;”中最先执行运算的是（　　）运算。

A. 减　　B. 赋值

C. 乘　　D. 函数

四、作图题

根据下面程序，在图 7-11 中画出刀具中心在 *XY* 平面内的运行轨迹（函数曲线），并写出其数学表达式。

```
O11;
G94 G40 G80 G54 G90;
M03 S500;
#101=-100.0;
G00 X-100.0 Y-95.0;
G01 Z-5.0 F100;
#102=#101+5.0;
G01 X#101 Y#102;
#101=#101+2.0;
IF [#101 LE 100.0] GOTO 100;
G01 Z50.0;
M05;
M30;
```

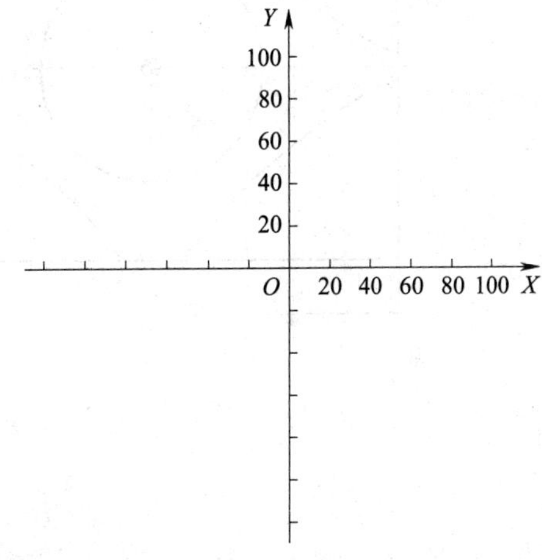

图 7-11　刀具中心运行轨迹

任务❸ 模具型芯零件加工

任务描述

车间现接到某企业模具型芯零件的加工订单，订单数量为 5 件，零件图如图 7-12 所示。毛坯材料为 45 钢，毛坯尺寸为 80 mm × 60 mm × 15 mm。试编写其加工程序并完成加工。

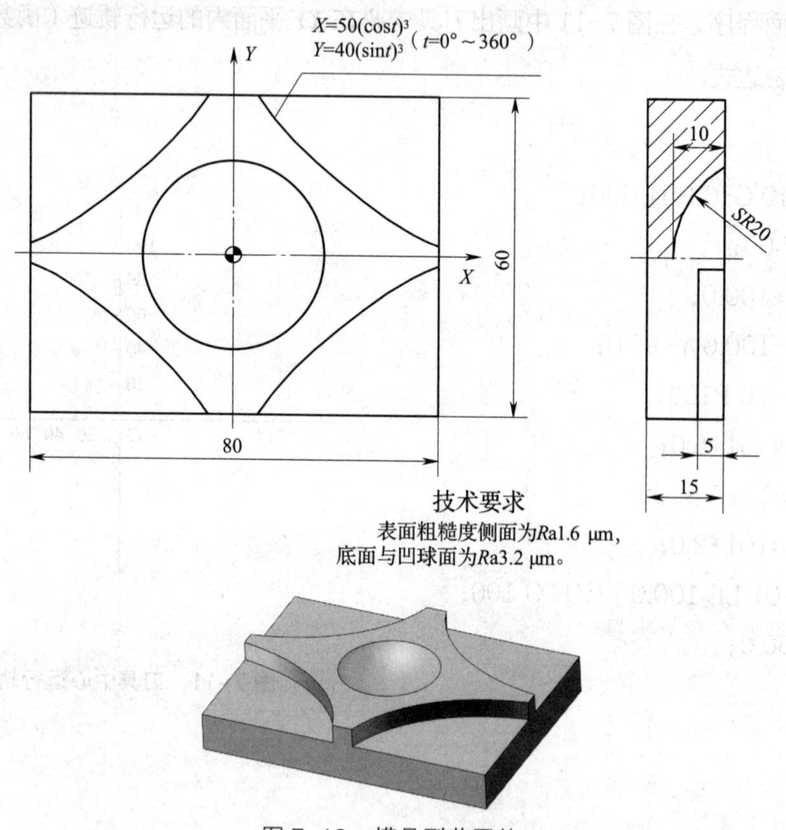

图 7-12 模具型芯零件

学习活动❶ 模具型芯零件的加工工艺分析与编程

一、分析零件图，明确加工要求

1. 分析工作任务，写出本任务要加工的毛坯材料、毛坯尺寸和零件数量。

2. 分析零件图，明确加工内容（表面）及加工要求，完成表 7-19 的填写，为制定加工工艺做准备。

表 7-19 模具型芯零件的加工内容（表面）及加工要求

序号	加工内容（表面）	加工要求

二、制定零件加工工艺

1. 选择加工方法

根据模具型芯零件的加工要求，选择加工方法。

2. 选择夹紧方案及夹具

根据模具型芯零件的特点选择夹紧方案及夹具。

3. 选择刀具

选择什么刀具进行加工？刀具材料是什么？列出刀具各参数。

4. 确定加工顺序

根据模具型芯零件的加工要求和结构特点，确定各表面的加工顺序，完成表 7-20 的填写。

表 7-20　模具型芯零件加工顺序

序号	加工内容（加工表面）	刀具号	刀具名称与规格	刀具材料

5. 设计加工路线

（1）根据加工要求设计模具型芯零件星形轮廓精加工路线，绘制在图 7-13 中。

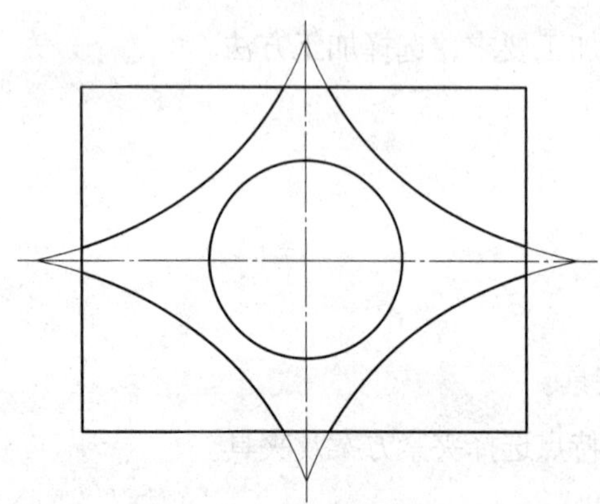

图 7-13　星形轮廓精加工路线绘制

（2）根据加工要求设计模具型芯零件凹球面精加工路线，填写表 7-21。

表 7-21　设计模具型芯零件凹球面精加工路线

方式	横向往复铣削	分层铣削	螺旋铣削
精加工路线			
结论			

6. 确定切削用量

根据实际加工情况，写出本任务所用切削用量的具体数值。

7. 填写数控加工工艺卡

完成模具型芯零件数控加工工艺卡（表 7-22）的填写。

表 7-22 模具型芯零件数控加工工艺卡

单位		数控加工工艺卡	产品代号	零件名称	零件图号	
工艺序号	程序编号	夹具名称	夹具编号	使用设备	车间	
工序号	工序内容（加工面）	刀具号	刀具规格	主轴转速 /（r/min）	进给速度 /（mm/min）	铣削深度 /mm
编制		审核		批准		共__页 第__页

三、编制数控加工程序

1. 读流程图

根据图 7-14a 分析流程图 7-14b 的含义。

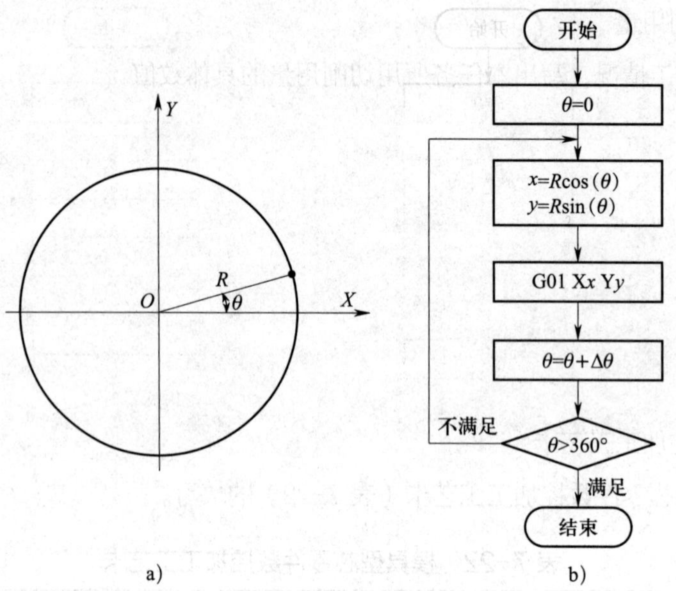

图 7–14　读流程图

2. 非圆曲线轮廓编程

（1）绘制非圆曲线轮廓编程一般流程图

将圆轮廓加工宏程序流程图（图 7-15a）转换为非圆曲线轮廓加工宏程序流程图（图 7-15b）。

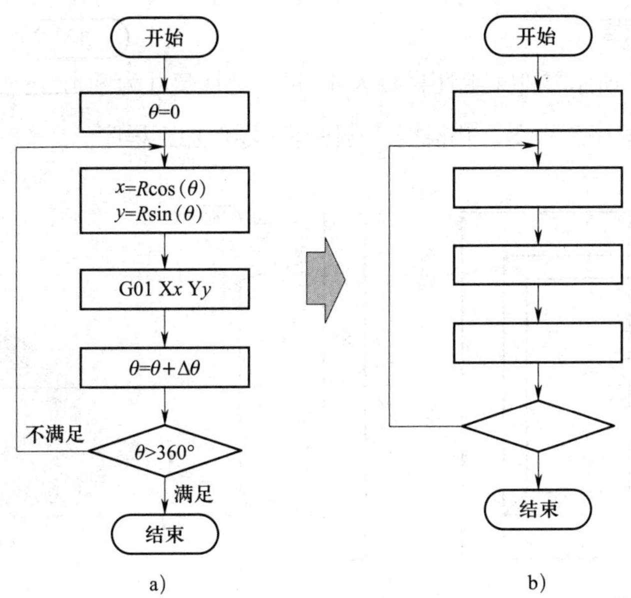

图 7–15　流程图转换

a）圆轮廓加工宏程序流程图　b）非圆曲线轮廓加工宏程序流程图

（2）编程练习

绘制如图 7-16 所示零件（毛坯材料为 L4，毛坯尺寸为 80 mm × 60 mm × 25 mm）中正弦曲线轮廓加工宏程序流程图，并根据流程图写出零件加工程序。

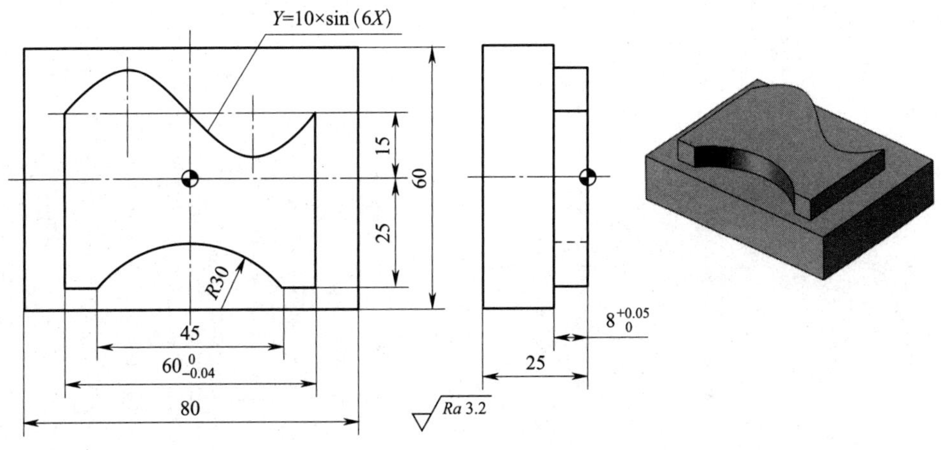

图 7–16　编程练习件

3. 规则曲面编程

绘制如图 7-17 所示零件（毛坯材料为 45 钢，毛坯尺寸为 80 mm × 80 mm × 30 mm）中规则曲面加工宏程序流程图，并根据流程图写出零件加工程序。

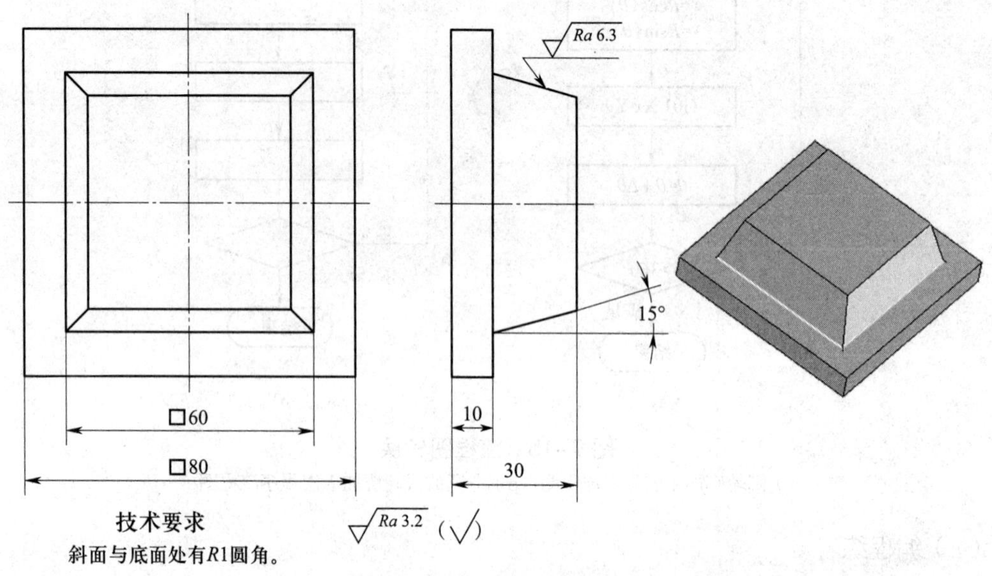

图 7-17 编程练习件

4. 编制模具型芯零件数控加工程序

（1）在图 7-12 中标出编程原点，绘制 X、Y、Z 坐标轴。

（2）编制模具型芯零件的数控加工程序（表 7-23）。

表 7-23　模具型芯零件的数控加工程序

程序段号	加工程序	程序说明

学习活动❷　模具型芯零件的加工

一、加工准备

1. 工、量、刃具准备

根据模具型芯零件的加工需要，填写工、量、刃具清单（表 7-24），并领取工、量、刃具。

表 7-24　工、量、刃具清单

序号	名称	规格	数量	备注

续表

序号	名称	规格	数量	备注

2. 领取毛坯

领取毛坯并测量毛坯尺寸，判断毛坯是否有足够的加工余量。

3. 选择切削液

根据加工对象及所用刀具，领取本次加工所用切削液，写出切削液牌号。

二、加工零件

1. 完成零件加工。
2. 根据小组成员完成情况，修改、完善加工工艺。

三、保养机床、清理场地

按照 6S 管理的要求保养机床、清理场地。

学习活动❸ 模具型芯零件的加工质量检测与分析

一、明确检测要素，领取检测量具

1. 模具型芯零件有哪些关键尺寸需要检测？说明原因及检测方法。

2. 根据模具型芯零件的检测要素，领取量具并说明检测内容，填入表 7-25 中。

表 7-25 量具及检测内容

序号	量具名称及规格	检测内容

二、加工质量检测

按表 7-26 所列项目和技术要求检测加工零件，将检测结果填入检测记录栏，并根据评分标准给出得分。

表 7-26 加工质量检测

零件编号			总得分			
项目与权重	序号	技术要求	配分	评分标准	检测记录	得分
任务评分（60%）	1	非圆曲线轮廓符合要求	20	不合格不得分		
	2	球面型腔符合要求	20	不合格不得分		
	3	其他轮廓符合要求	20	不合格不得分		

续表

项目与权重	序号	技术要求	配分	评分标准	检测记录	得分
程序与加工工艺（20%）	4	宏程序编程正确、规范	8	每处不正确或不规范扣 2 分		
	5	变量设置合理	6	每处不合理扣 2 分		
	6	加工工艺合理	6	每处不合理扣 2 分		
机床操作（10%）	7	对刀及坐标系设定正确	3	每处错误扣 1 分		
	8	机床操作面板操作正确	2	每处错误扣 1 分		
	9	进给操作正确	3	每处错误扣 1 分		
	10	意外情况处理合理	2	每处不合理扣 1 分		
安全文明生产（10%）	11	遵守安全生产规程	5	每处错误扣 1 分		
	12	机床维护与保养正确	3	每处错误扣 1 分		
	13	工作场所整理合格	2	不合格不得分		

三、加工质量分析

分析不合格项目的产生原因，提出改进意见，填写表 7-27。

表 7-27　加工质量分析

序号	不合格项目	产生原因	改进意见

四、量具保养与归还

对所用量具进行规范保养并归还。

五、工作总结

1. 通过模具型芯零件的数控编程与加工，你学到哪些知识与技能？试从工艺制定方面、编程方面、加工操作方面、测量方面等进行阐述。

____

____

____

____

____

____

____

____

____

____

____

____

____

____

2. 试分析和总结在本任务完成过程中获得的经验和存在的不足。

____

____

____

____

____

____

____

____

____

____

____

巩固与提高

一、填空题（将正确答案填写在横线上）

1. 指令“IF［#100 GT 0］GOTO 100;”表示当______________时，程序跳转到 N100 程序段执行，如果条件不成立，则执行下一程序段。

2. 对不规则曲面进行数控铣削加工时，通常采用__________或__________等多种切削方法。

3. 对非圆曲线轮廓常用的手工编程拟合计算方法有__________、__________和__________等。

4. 在实际编程中，通常采用______________________________的方法减小拟合误差。

5. 若#110=45，#120=3，#130=2，执行#140=#110/#120，#150=#140*#130后，#140=______，#150=______。

二、判断题（正确的打“√”，错误的打“×”）

1. #500 属于系统变量。（　　）

2. 宏程序数学运算次序为：先乘除，后函数，再加减。（　　）

3. 变量可以直接用表达式赋值，如 10.0+20.0=#101。（　　）

三、选择题（将正确答案的代号填入括号内）

1. 用户宏程序指（　　）。

A. 用准备功能指令编写的子程序，主程序可使用呼叫子程序的方式随时调用

B. 使用宏程序编写的程序，程序中除使用常用准备功能指令外，还使用了用户宏程序指令实现变量运算、判断、转移等功能

C. 工件加工源程序，通过数控装置运算、判断处理后，转变成工件的加工程序，由主程序随时调用

D. 一种循环程序，可以反复使用许多次

2. 用户宏程序功能是数控系统具有各种（　　）功能的基础。

A. 自动编程　　B. 循环编程

C. 人机对话编程　　D. 几何图形坐标变换

3. G10 的功能是（　　）。

A. 准确停止　　B. 可编程数据输入　　C. 直线插补　　D. 圆弧插补

4. 用户宏程序最大的特点是（　　）。

A. 完成某一功能　　B. 嵌套　　C. 使用变量　　D. 使用常量

5. 指令 #j GE #k 中的 GE 表示（　　）。

A. ≥　　B. <　　C. ≤　　D. >

6. #149 属于（　　）。

A. 局部变量　　B. 公共变量　　C. 系统变量　　D. 以上都不是

四、编程题

拟数控铣削加工如图 7-18 所示工件，毛坯尺寸为 80 mm × 80 mm × 40 mm，毛坯材料为 45 钢，试列出所用刀具和加工顺序，编写其数控铣加工程序。

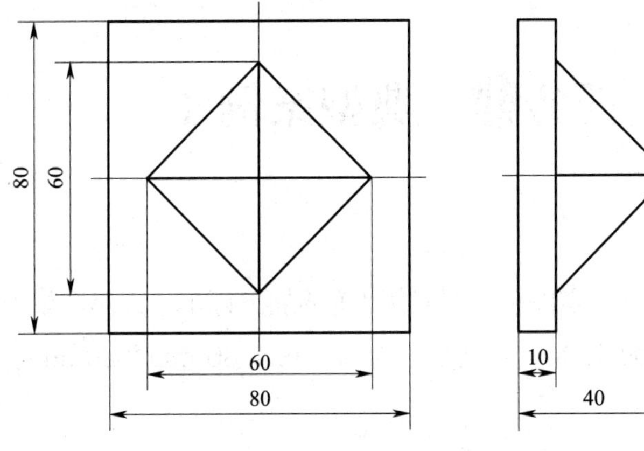

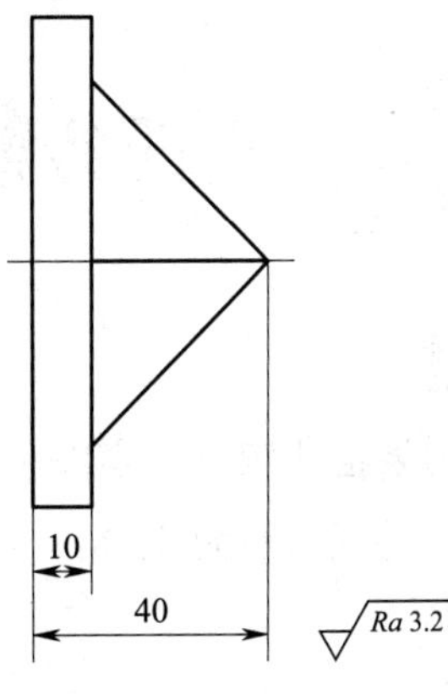

图 7-18　宏程序编程练习件

项目八 高级技能鉴定典型案例

任务❶ 典型案例 1

任务描述

车间现接到某企业较复杂零件（典型案例 1）的加工订单，订单数量为 1 件，零件图如图 8-1 所示。毛坯材料为 45 钢，毛坯尺寸为 80 mm × 80 mm × 20 mm。试编写其加工程序并完成加工。

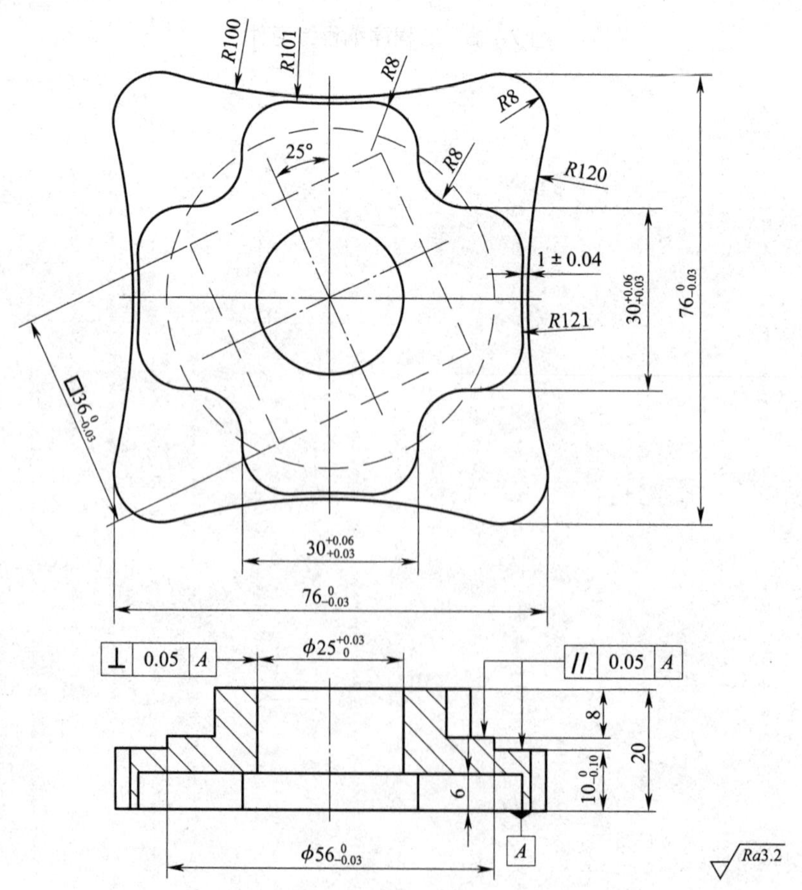

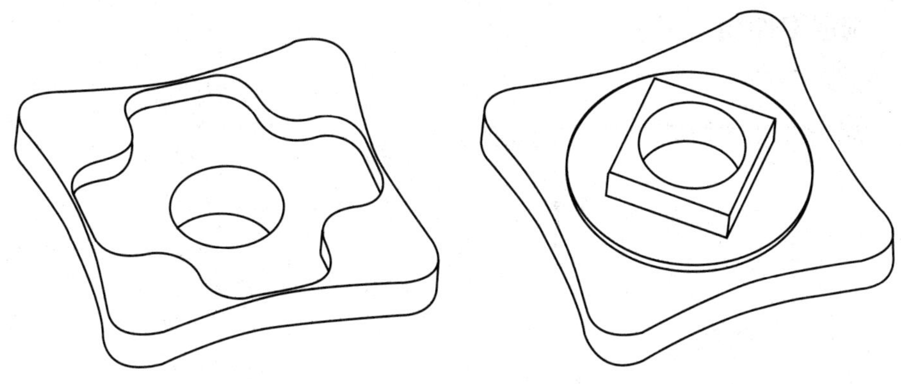

图 8-1 较复杂零件（典型案例 1）

学习活动❶ 典型案例 1 的加工工艺分析与编程

一、分析零件图，明确加工要求

1. 分析工作任务，写出本任务要加工的毛坯材料、毛坯尺寸和零件数量。

2. 分析零件图，明确加工内容（表面）及加工要求，完成表 8-1 的填写，为制定加工工艺做准备。

表 8-1 典型案例 1 的加工内容（表面）及加工要求

序号	加工内容（表面）	加工要求

3. 资料查阅，写出图 8-1 中所有尺寸的极限偏差数值。

二、制定零件加工工艺

1. 选择加工方法

根据典型案例 1 的加工要求，选择加工方法。

2. 选择夹紧方案及夹具

根据典型案例 1 的特点选择夹紧方案及夹具。

3. 选择刀具

选择什么刀具进行加工？刀具材料是什么？列出刀具各参数。

4. 加工难点分析

根据典型案例 1 的加工要求和结构特点，分析零件的加工难点及解决方法。

5. 确定加工顺序

根据典型案例 1 的加工要求和结构特点，确定各表面的加工顺序，完成表 8-2 的填写。

表 8-2　典型案例 1 的加工顺序

序号	加工内容（加工表面）	刀具号	刀具名称与规格	刀具材料

6. 设计加工路线

设计典型案例 1 的加工路线，在图 8-2 中绘制加工路线及编程坐标系。

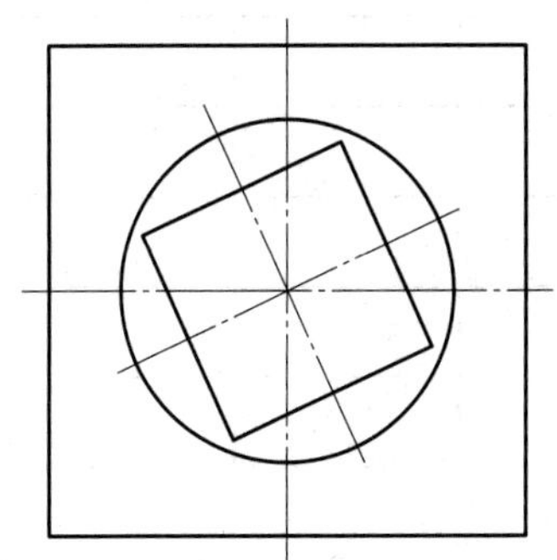
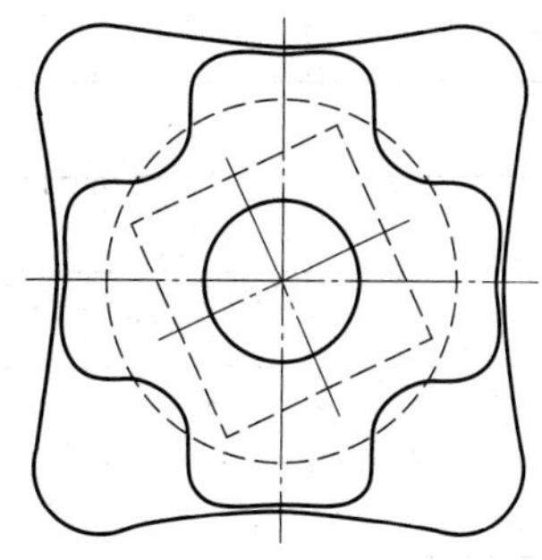

图 8-2　加工路线绘制

7. 确定切削用量

根据实际加工情况，写出本任务所用切削用量的具体数值。

8. 填写数控加工工艺卡

完成典型案例 1 数控加工工艺卡（表 8-3）的填写。

表 8-3　典型案例 1 数控加工工艺卡

单位		数控加工工艺卡		产品代号	零件名称	零件图号
工艺序号	程序编号	夹具名称		夹具编号	使用设备	车间
工序号	工序内容（加工面）	刀具号	刀具规格	主轴转速 /（r/min）	进给速度 /（mm/min）	铣削深度（背吃刀量）/ mm
编制		审核		批准		共__页　第__页

三、编制数控加工程序

编制典型案例 1 的数控加工程序（表 8-4）。

表 8-4　典型案例 1 的数控加工程序

程序段号	加工程序	程序说明

续表

程序段号	加工程序	程序说明

学习活动❷ 典型案例 1 的加工

一、加工准备

1. 熟悉工作环境

明确机床位置及其型号，熟悉机床安全操作规程。

2. 工、量、刃具准备

根据典型案例 1 的加工需要，填写工、量、刃具清单（表 8-5），并领取工、量、刃具。

表 8-5　工、量、刃具清单

序号	名称	规格	数量	备注

3. 领取毛坯

领取毛坯并测量毛坯尺寸，判断毛坯是否有足够的加工余量。

4. 选择切削液

根据加工对象及所用刀具，领取本次加工所用切削液，写出切削液牌号。

二、加工零件

1. 开机准备。
2. 输入数控加工程序并校验。
3. 装夹毛坯。
4. 安装刀具。
5. 对刀及参数设置。
6. 自动加工。
7. 自动加工完毕，卸下工件，清理工件并去毛刺。
8. 根据小组成员完成情况，修改、完善加工工艺。

三、保养机床、清理场地

按照 6S 管理的要求保养机床、清理场地。

学习活动❸ 典型案例 1 的加工质量检测与分析

一、明确检测要素，领取检测量具

1. 典型案例 1 有哪些关键尺寸需要检测？说明原因及检测方法。

2. 根据典型案例 1 的检测要素，领取量具并说明检测内容，填入表 8-6 中。

表 8-6 量具及检测内容

序号	量具名称及规格	检测内容

二、加工质量检测

按表 8-7 所列项目和技术要求检测加工零件，将检测结果填入检测记录栏，并根据评分标准给出得分。

表 8-7　加工质量检测

零件编号			总得分			
项目与配分	序号	技术要求	配分	评分标准	检测记录	得分
任务评分（72%）	1	$76^{0}_{-0.03}$ mm	4	超差不得分		
	2	（1 ± 0.04）mm	4	超差不得分		
	3	$30^{+0.06}_{+0.03}$ mm	4	超差不得分		
	4	$10^{0}_{-0.10}$ mm	4	超差不得分		
	5	圆弧尺寸正确	4	每处错误扣 2 分		
	6	圆弧光滑连接	4	每处不光滑扣 2 分		
	7	$\phi25^{+0.03}_{0}$ mm	4	超差不得分		
	8	垂直度 0.05 mm	4	超差不得分		
	9	$\phi56^{0}_{-0.03}$ mm	4	超差不得分		
	10	$36^{0}_{-0.03}$ mm	4	超差不得分		
	11	平行度 0.05 mm	4	超差不得分		
	12	25°	4	超差不得分		
	13	6 mm	4	超差不得分		
	14	8 mm	4	超差不得分		
	15	20 mm	4	超差不得分		
	16	$Ra3.2$ μm	4	降级不得分		
	17	零件按时完成	4	超时不得分		
	18	零件无缺陷	4	每处缺陷扣 2 分		
程序与加工工艺（10%）	19	程序正确	5	每处错误扣 1 分		
	20	加工工艺合理	5	每处不合理扣 1 分		
机床操作（10%）	21	机床操作规范	5	每处不规范扣 1 分		
	22	工件、刀具装夹正确	5	每处错误扣 2 分		
安全文明生产（8%）	23	遵守安全生产规程	3	每处错误扣 1 分		
	24	机床维护与保养正确	3	每处错误扣 1 分		
	25	工作场所整理合格	2	不合格不得分		

三、加工质量分析

分析不合格项目的产生原因，提出改进意见，填写表 8-8。

表 8-8 加工质量分析

序号	不合格项目	产生原因	改进意见

四、量具保养与归还

对所用量具进行规范保养并归还。

五、工作总结

1. 通过典型案例 1 的数控编程与加工，你学到哪些知识与技能？试从工艺制定方面、编程方面、加工操作方面、测量方面等进行阐述。

2. 试分析和总结在本任务完成过程中获得的经验和存在的不足。

巩固与提高

一、判断题（正确的打“√”，错误的打“×”）

1. 铣削时，铣刀的切削速度方向和工件的进给方向相同，这种铣削方式称为顺铣。（ ）

2. 若机床具有刀具半径自动补偿功能，无论是按假想刀尖运行轨迹编程还是按刀心运行轨迹编程，当刀具磨损或重磨时，均不需重新编写程序。（ ）

3. 当机件具有倾斜机构，且倾斜表面在基本投影面上投影不反映实形时，可采用后视图和仰视图表达。（ ）

4. 刀具直径为 10 mm 的高速钢立铣刀铣钢件时，主轴转速为 820 r/min，切削速度为 56 m/min。（ ）

5. 铣削外轮廓时，刀具的切入与切出点应选在零件轮廓两几何元素的交点处。（ ）

6. 粗加工塑性材料，为了保证刀头强度，铣刀应取较小的后角。 （ ）

7. 加工中心的 *X* 轴动作异常时，维修人员在查找故障时将 *X* 轴和 *Z* 轴电动机的电枢线和反馈线对调，进行点动操作，并根据对调后出现的现象进行分析，查找故障，这种方法称为同类对调法。 （ ）

二、选择题（将正确答案的代号填入括号内）

1. 球头铣刀的球半径通常（ ）所加工凸曲面的曲率半径。

A. 小于 B. 大于 C. 等于 D. 以上都可能

2. 对未经淬火、直径较小的孔的精加工常采用（ ）。

A. 铰削 B. 镗削 C. 磨削 D. 拉削

3. 切削用量的选择原则，在粗加工时以（ ）作为主要的选择依据。

A. 加工精度 B. 提高生产率

C. 经济性和加工成本 D. 工件大小

4. 在 FANUC 系统中，如果编程中没有编写 D 指令，则执行指令“G41 G01 X___ Y___ F___”时（ ）。

A. 将产生机床报警 B. 不执行刀具半径补偿

C. D 指令在该程序段自动生效 D. 机床将停止执行指令

5. 机床通电后应首先检查（ ）是否正常。

A. 加工路线 B. 各按钮

C. 电压、油压 D. 工件精度

6. 加工孔类零件时，钻孔→扩孔→倒角→铰孔的加工方法适用于（ ）。

A. 小孔径的盲孔 B. 高精度孔

C. 孔位置精度不高的中小孔 D. 大孔径的盲孔

三、简答题

1. 验收新购置的加工中心时，为什么要对机床参数表进行备份？

2. 什么是加工中心的参考点？返回参考点的方式有哪两种？简要说明两者的特点。

任务❷ 典型案例 2

任务描述

车间现接到某企业较复杂零件（典型案例 2）的加工订单，订单数量为 1 件，零件图如图 8-3 所示。毛坯材料为 45 钢，毛坯尺寸为 80 mm × 80 mm × 20 mm。试编写其加工程序并完成加工。

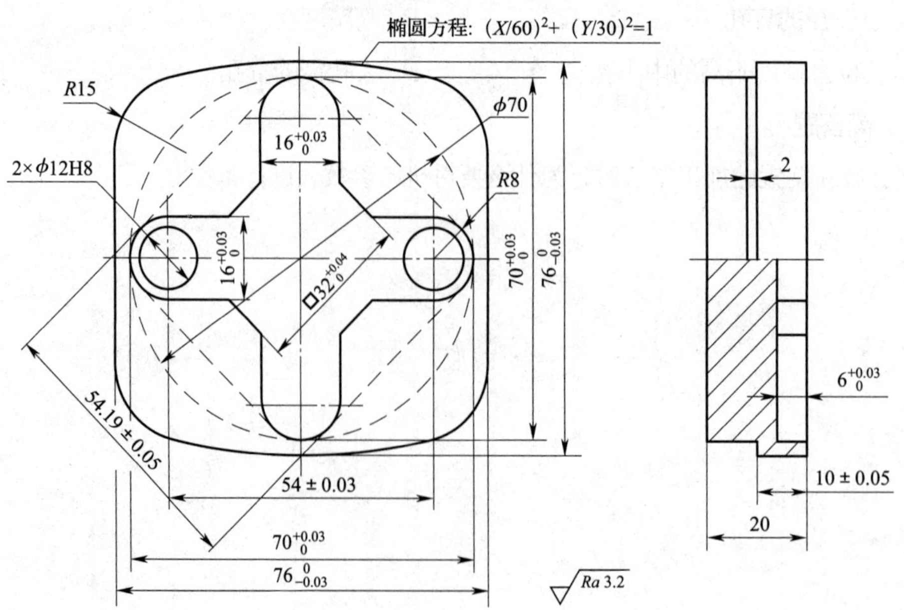

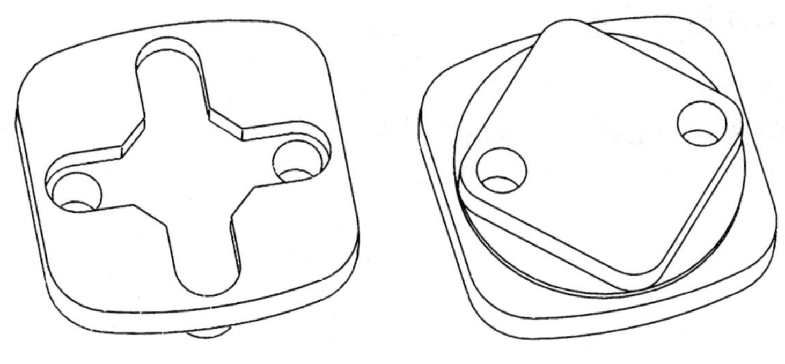

图 8-3　较复杂零件（典型案例 2）

学习活动❶　典型案例 2 的加工工艺分析与编程

一、分析零件图，明确加工要求

1. 分析工作任务，写出本任务要加工的毛坯材料、毛坯尺寸和零件数量。

2. 分析零件图，明确加工内容（表面）及加工要求，完成表 8-9 的填写，为制定加工工艺做准备。

表 8-9　典型案例 2 的加工内容（表面）及加工要求

序号	加工内容（表面）	加工要求

3. 资料查阅，写出图 8-3 中所有尺寸的极限偏差数值。

二、制定零件加工工艺

1. 选择加工方法

根据典型案例 2 的加工要求，选择加工方法。

2. 选择夹紧方案及夹具

根据典型案例 2 的特点选择夹紧方案及夹具。

3. 选择刀具

选择什么刀具进行加工？刀具材料是什么？列出刀具各参数。

4. 加工难点分析

根据典型案例 2 的加工要求和结构特点，确定零件的加工难点及解决方法（可以利用图 8-4 进行辅助说明）。

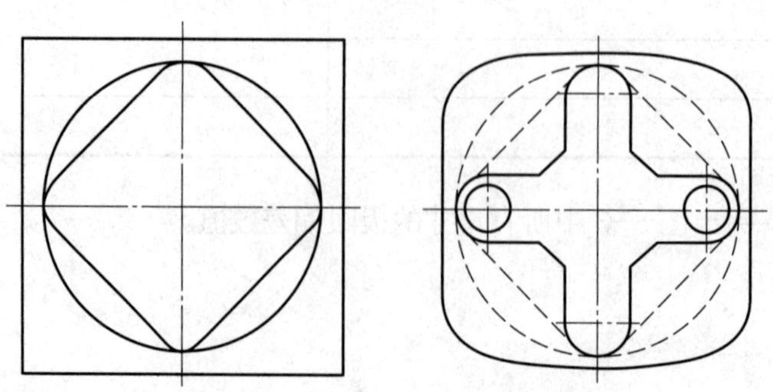

图 8-4　典型案例 2 加工难点分析

5. 确定加工顺序

根据典型案例 2 的加工要求和结构特点，确定各表面的加工顺序，完成表 8-10 的填写。

表 8-10　典型案例 2 的加工顺序

序号	加工内容（加工表面）	刀具号	刀具名称与规格	刀具材料

6. 确定切削用量

根据实际加工情况，写出本任务所用切削用量的具体数值。

7. 填写数控加工工艺卡

完成典型案例 2 数控加工工艺卡（表 8-11）的填写。

表 8-11　典型案例 2 数控加工工艺卡

单位		数控加工工艺卡	产品代号	零件名称	零件图号
工艺序号	程序编号	夹具名称	夹具编号	使用设备	车间

工序号	工序内容（加工面）	刀具号	刀具规格	主轴转速 /（r/min）	进给速度 /（mm/min）	铣削深度（背吃刀量）/ mm
编制		审核		批准		共__页　第__页

三、编制数控加工程序

1. 在图 8-3 中标出编程原点，绘制 X、Y、Z 坐标轴。

2. 编制典型案例 2 的数控加工程序（表 8-12）。

表 8-12　典型案例 2 的数控加工程序

程序段号	加工程序	程序说明

学习活动❷　典型案例 2 的加工

一、加工准备

1. 熟悉工作环境

明确机床位置及其型号，熟悉机床安全操作规程。

2. 工、量、刃具准备

根据典型案例 2 的加工需要，填写工、量、刃具清单（表 8-13），并领取工、量、刃具。

表 8-13　工、量、刃具清单

序号	名称	规格	数量	备注

3. 领取毛坯

领取毛坯并测量毛坯尺寸，判断毛坯是否有足够的加工余量。

4. 选择切削液

根据加工对象及所用刀具，领取本次加工所用切削液，写出切削液牌号。

二、加工零件

1. 完成零件加工。

2. 根据小组成员完成情况，修改、完善加工工艺。

三、保养机床、清理场地

按照 6S 管理的要求保养机床、清理场地。

学习活动❸ 典型案例 2 的加工质量检测与分析

一、明确检测要素，领取检测量具

1. 典型案例 2 有哪些关键尺寸需要检测？说明原因及检测方法。

2. 根据典型案例 2 的检测要素，领取量具并说明检测内容，填入表 8-14 中。

表 8-14 量具及检测内容

序号	量具名称及规格	检测内容

续表

序号	量具名称及规格	检测内容

二、加工质量检测

按表 8-15 所列项目和技术要求检测加工零件，将检测结果填入检测记录栏，并根据评分标准给出得分。

表 8-15　加工质量检测

零件编号			总得分			
项目与配分	序号	技术要求	配分	评分标准	检测记录	得分
任务评分（80%）	1	$76_{-0.03}^{0}$ mm	5	超差不得分		
	2	$16_{0}^{+0.03}$ mm	5	超差不得分		
	3	$32_{0}^{+0.04}$ mm	5	超差不得分		
	4	$70_{0}^{+0.03}$ mm	5	超差不得分		
	5	（10 ± 0.05）mm	5	超差不得分		
	6	椭圆轮廓正确	5	每处错误扣 2.5 分		
	7	圆弧尺寸正确	5	每处错误扣 2.5 分		
	8	ϕ12H8	5	超差不得分		
	9	（54 ± 0.03）mm	5	超差不得分		
	10	$6_{0}^{+0.03}$ mm	5	超差不得分		
	11	（54.19 ± 0.05）mm	5	超差不得分		
	12	2 mm	5	超差不得分		
	13	ϕ70 mm	5	超差不得分		
	14	Ra3.2 μm	5	降级不得分		
	15	零件按时完成	5	超时不得分		
	16	零件无缺陷	5	每处缺陷扣 2.5 分		

续表

项目与配分	序号	技术要求	配分	评分标准	检测记录	得分
程序与加工工艺（8%）	17	程序正确	4	每处错误扣 2 分		
	18	加工工艺合理	4	每处不合理扣 2 分		
机床操作（6%）	19	机床操作规范	3	每处不规范扣 1 分		
	20	工件、刀具装夹正确	3	每处错误扣 1 分		
安全文明生产（6%）	21	遵守安全生产规程	2	每处错误扣 1 分		
	22	机床维护与保养正确	2	每处错误扣 1 分		
	23	工作场所整理合格	2	不合格不得分		

三、加工质量分析

分析不合格项目的产生原因，提出改进意见，填写表 8-16。

表 8-16　加工质量分析

序号	不合格项目	产生原因	改进意见

四、量具保养与归还

对所用量具进行规范保养并归还。

五、工作总结

1. 通过典型案例 2 的数控编程与加工，你学到哪些知识与技能？试从工艺制定方面、编程方面、加工操作方面、测量方面等进行阐述。

2. 试分析和总结在本任务完成过程中获得的经验和存在的不足。

巩固与提高

一、判断题（正确的打“√”，错误的打“×”）

1. 加工中心的定尺寸刀具（如钻头、铰刀和键槽铣刀等）的尺寸精度直接影响工件的

形状精度。（　　）

2. 刀具刃磨后重新使用时，由于是新刃磨过较锋利，因此磨损较慢。（　　）

3. 加工任一条斜线段轨迹时，理想轨迹都不可能与实际轨迹完全重合。（　　）

4. 刀具通常以前面磨损量作为磨钝标准。（　　）

5. 加工中心的自动测量是指在加工中心上安装一些测量装置，使其能按照程序自动测出零件的尺寸及刀具长度尺寸。（　　）

6. 交互式图形自动编程是以CAD为基础，采用编程语言自动给定加工参数与路线，完成零件加工编程的一种智能化编程方式。（　　）

二、选择题（将正确答案的代号填入括号内）

1. 当（　　）通过的电流大于规定值时，就会自动分断电路，使电气设备脱离电源，起到过载和短路保护作用。

A. 开关　　B. 继电器　　C. 熔断器　　D. 接触器

2. 低合金工具钢多用于制造丝锥、板牙和（　　）。

A. 钻头　　B. 高速切削刀具　　C. 车刀　　D. 铰刀

3. 毛坯的形状误差对下一工序的影响表现为（　　）复映。

A. 计算　　B. 公差　　C. 误差　　D. 运算

4. 加工中心润滑系统常用润滑油强制循环方式对（　　）进行润滑。

A. 负载较大、转速较高、温升剧烈的齿轮和主轴轴承

B. 负载不大、极限转速和移动速度不高的丝杠和导轨

C. 负载较大、极限转速和移动速度较高的丝杠和导轨

D. 高速转动的轴承

5.（　　）只接收数控系统发出的指令脉冲，无法控制执行情况。

A. 定环伺服系统　　B. 半动环伺服系统

C. 开环伺服系统　　D. 联动环伺服系统

三、简答题

用圆柱铣刀加工平面时，顺铣与逆铣有什么区别？

任务❸　典型案例 3

任务描述

车间现接到某企业较复杂零件（典型案例 3）的加工订单，订单数量为 1 件，零件图如图 8-5 所示。毛坯材料为 45 钢，毛坯尺寸为 80 mm × 80 mm × 20 mm。试编写其加工程序并完成加工。

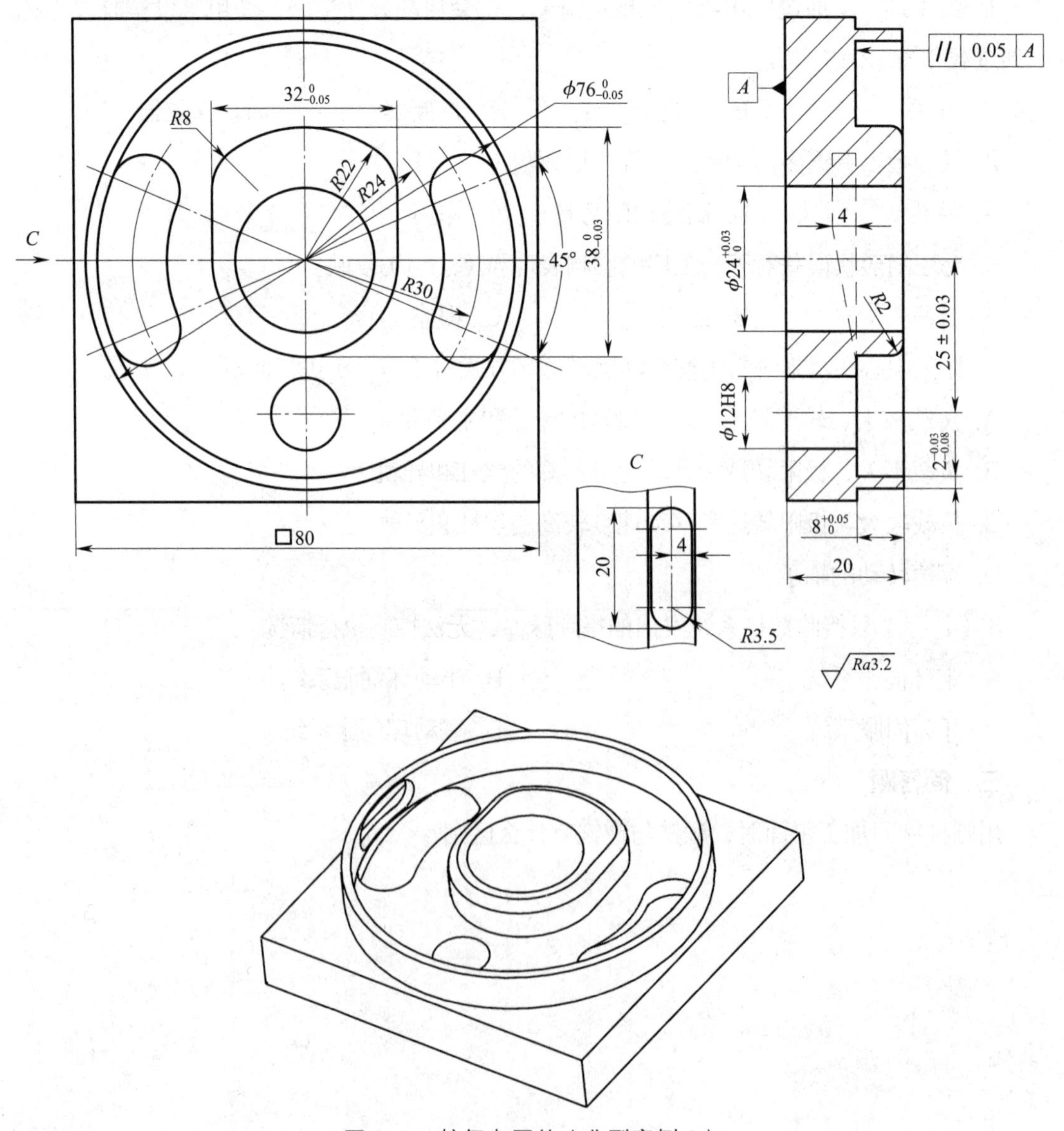

图 8-5　较复杂零件（典型案例 3）

学习活动❶ 典型案例 3 的加工工艺分析与编程

一、分析零件图，明确加工要求

1. 分析工作任务，写出本任务要加工的毛坯材料、毛坯尺寸和零件数量。

2. 分析零件图，明确加工内容（表面）及加工要求，完成表 8-17 的填写，为制定加工工艺做准备。

表 8-17 典型案例 3 的加工内容（表面）及加工要求

序号	加工内容（表面）	加工要求

3. 资料查阅，写出图 8-5 中所有尺寸的极限偏差数值。

二、制定零件加工工艺

1. 选择加工方法

根据典型案例 3 的加工要求，选择加工方法。

2. 选择夹紧方案及夹具

根据典型案例 3 的特点选择夹紧方案及夹具。

3. 选择刀具

选择什么刀具进行加工？刀具材料是什么？列出刀具各参数。

4. 加工难点分析

根据典型案例 3 的加工要求和结构特点，确定零件的加工难点及解决方法（可以利用图 8–6 进行辅助说明）。

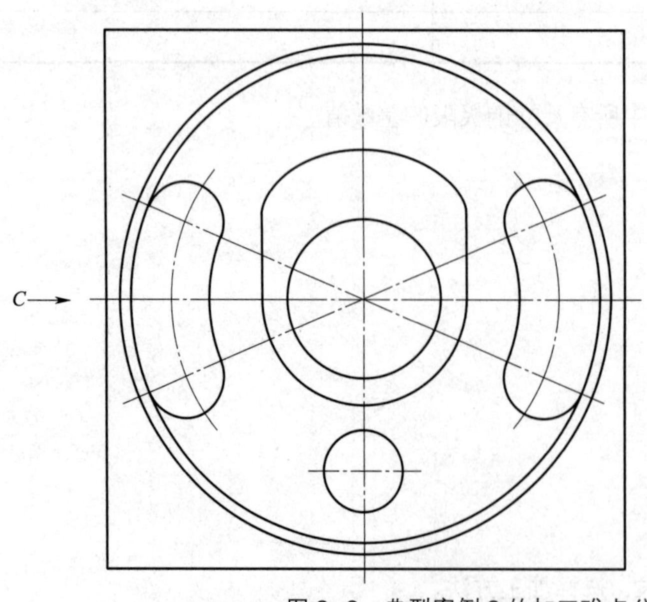

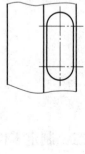

图 8–6　典型案例 3 的加工难点分析

5. 确定加工顺序

根据典型案例 3 的加工要求和结构特点，确定各表面的加工顺序，完成表 8-18 的填写。

表 8-18　典型案例 3 的加工顺序

序号	加工内容（加工表面）	刀具号	刀具名称与规格	刀具材料

6. 确定切削用量

根据实际加工情况，写出本任务所用切削用量的具体数值。

7. 填写数控加工工艺卡

完成典型案例 3 数控加工工艺卡（表 8-19）的填写。

表 8-19　典型案例 3 数控加工工艺卡

<table>
<tr><td rowspan="2">单位</td><td rowspan="2"></td><td rowspan="2">数控加工工艺卡</td><td>产品代号</td><td>零件名称</td><td>零件图号</td></tr>
<tr><td></td><td></td><td></td></tr>
<tr><td>工艺序号</td><td>程序编号</td><td>夹具名称</td><td>夹具编号</td><td>使用设备</td><td>车间</td></tr>
<tr><td></td><td></td><td></td><td></td><td></td><td></td></tr>
</table>

工序号	工序内容（加工面）	刀具号	刀具规格	主轴转速/（r/min）	进给速度/（mm/min）	铣削深度（背吃刀量）/mm

编制		审核		批准		共__页　第__页

三、编制数控加工程序

1. 在图 8-5 中标出编程原点，绘制 *X*、*Y*、*Z* 坐标轴。

2. 编制典型案例 3 的数控加工程序（表 8-20）。

表 8-20　典型案例 3 的数控加工程序

程序段号	加工程序	程序说明

学习活动❷ 典型案例3的加工

一、加工准备

1. 熟悉工作环境

明确机床位置及其型号，熟悉机床安全操作规程。

2. 工、量、刃具准备

根据典型案例3的加工需要，填写工、量、刃具清单（表8-21），并领取工、量、刃具。

表8-21 工、量、刃具清单

序号	名称	规格	数量	备注

3. 领取毛坯

领取毛坯并测量毛坯尺寸，判断毛坯是否有足够的加工余量。

4. 选择切削液

根据加工对象及所用刀具，领取本次加工所用切削液，写出切削液牌号。

二、加工零件

1. 完成零件加工。

2. 根据小组成员完成情况，修改、完善加工工艺。

三、保养机床、清理场地

按照 6S 管理的要求保养机床、清理场地。

学习活动❸ 典型案例 3 的加工质量检测与分析

一、明确检测要素，领取检测量具

1. 典型案例 3 有哪些关键尺寸需要检测？说明原因及检测方法。

2. 根据典型案例 3 的检测要素，领取量具并说明检测内容，填入表 8-22 中。

表 8-22 量具及检测内容

序号	量具名称及规格	检测内容

二、加工质量检测

按表 8-23 所列项目和技术要求检测加工零件，将检测结果填入检测记录栏，并根据评分标准给出得分。

表 8-23　加工质量检测

零件编号			总得分			
项目与配分	序号	技术要求	配分	评分标准	检测记录	得分
任务评分（84%）	1	$\phi 76_{-0.05}^{0}$ mm	4	超差不得分		
	2	$8_{0}^{+0.05}$ mm	4	超差不得分		
	3	$2_{-0.08}^{-0.03}$ mm	4	超差不得分		
	4	$32_{-0.05}^{0}$ mm	4	超差不得分		
	5	$38_{-0.03}^{0}$ mm	4	超差不得分		
	6	平行度 0.05 mm	4	超差不得分		
	7	4 mm	4	超差不得分		
	8	45°	4	超差不得分		
	9	ϕ12H8	4	超差不得分		
	10	$\phi 24_{0}^{+0.03}$ mm	4	超差不得分		
	11	（25 ± 0.03）mm	4	超差不得分		
	12	20 mm	4	超差不得分		
	13	*R*8 mm	4	超差不得分		
	14	*R*22 mm	4	超差不得分		
	15	*R*24 mm	4	超差不得分		
	16	*R*30 mm	4	超差不得分		
	17	*R*2 mm	4	超差不得分		
	18	*R*3.5 mm	4	超差不得分		
	19	*Ra*3.2 μm	4	降级不得分		
	20	零件按时完成	4	超时不得分		
	21	零件无缺陷	4	每处缺陷扣 2 分		
程序与加工工艺（8%）	22	程序正确	4	每处错误扣 2 分		
	23	加工工艺合理	4	每处不合理扣 2 分		
机床操作（4%）	24	机床操作规范	2	每处不规范扣 1 分		
	25	工件、刀具装夹正确	2	每处错误扣 1 分		
安全文明生产（4%）	26	遵守安全生产规程	2	每处错误扣 1 分		
	27	机床维护与保养正确	1	每处错误扣 0.5 分		
	28	工作场所整理合格	1	不合格不得分		

三、加工质量分析

分析不合格项目的产生原因，提出改进意见，填写表 8-24。

表 8-24　加工质量分析

序号	不合格项目	产生原因	改进意见

四、量具保养与归还

对所用量具进行规范保养并归还。

五、工作总结

1. 通过典型案例 3 的数控编程与加工，你学到哪些知识与技能？试从工艺制定方面、编程方面、加工操作方面、测量方面等进行阐述。

2. 试分析和总结在本任务完成过程中获得的经验和存在的不足。

巩固与提高

一、填空题（将正确答案填写在横线上）

1. 用户宏程序的变量类型有______、______、______。

2. 数控机床位置精度主要指标有______和______。

3. 目前我国经济型数控机床的进给驱动动力源主要选用______。

4. 使用返回参考点指令 G28 时，应______，否则机床无法返回参考点。

5. 数控机床坐标系三坐标轴 *X*、*Y*、*Z* 轴及其正方向用______判定，*X*、*Y*、*Z* 轴的回转运动及其正方向 +*A*、+*B*、+*C* 用______判定。

6. 能进行轮廓控制的数控机床，一般也能进行______控制和______控制。

7. 一般数控加工程序的编制分为三个阶段完成，即工艺处理、______和编程调试。

二、判断题（正确的打“√”，错误的打“×”）

1. 零件经高速车削、铣削加工的表面，其表面质量常可达到磨削后的水平，残留在工件表面上的应力也很小，故常可省去铣削后的精加工工序。（ ）

2. 在开环和半闭环数控机床上，定位精度主要取决于进给丝杠的精度。（ ）

3. 更换系统的后备电池时，必须在关机断电的情况下进行。（ ）

4. 可以通过减少运动件的摩擦来避免数控机床运动件出现爬行现象。（ ）

5. 数控机床控制系统可分为开环系统、闭环系统和半闭环系统几种类型。（ ）

6. 高速切削机床技术主要包括高速单元技术和机床整体技术。（ ）

7. 扩孔可以部分纠正钻孔留下的孔轴线歪斜问题。（ ）

三、选择题（将正确答案的代号填入括号内）

1. 在数控铣床上，刀具从机床原点快速移动到编程原点应使用（ ）指令。

A. G00　　B. G01　　C. G02　　D. G03

2. 用数控铣床铣削一直线成形面轮廓，确定坐标系后，应计算零件轮廓的（ ），如起点、终点、圆弧圆心、交点或切点等。

A. 基本尺寸　　B. 外形尺寸　　C. 轨迹和坐标值　　D. 极限尺寸

3. 在数控机床的闭环控制系统中，其检测环节具有两个作用，一是检测出被测信号的大小，二是把被测信号转换成可与（ ）进行比较的物理量，从而构成反馈通道。

A. 指令信号　　B. 反馈信号　　C. 偏差信号　　D. 脉冲信号

4. 零件加工后的有关表面位置精度用位置公差等级表示，可分为（ ）级。

A. 12　　B. 18　　C. 20　　D. 10

5. 物体通过线段、圆弧、圆以及样条曲线等进行描述的建模方式是（ ）。

A. 线框建模　　B. 表面建模　　C. 实体建模　　D. 以上均是

6. 数控机床的定位精度基本上反映了被加工零件的（ ）精度。

A. 同轴　　B. 圆度　　C. 孔距　　D. 直线

7. 在数控机床验收中，属于机床几何精度检查的项目是（ ）。

A. 导轨直线度

B. 箱体掉头镗孔同轴度

C. 主轴旋转径向跳动量

D. 以上均是

8. 加工中心的固定循环功能适用于（ ）。

A. 曲面加工　　B. 平面加工　　C. 孔系加工　　D. 圆周槽加工

9. 数控机床检测反馈装置的作用：将准确测得的（ ）数据迅速反馈给数控装置，

以便与加工程序给定的指令值进行比较和处理。

A. 直线位移　　　　　　　　　　B. 角位移或直线位移

C. 角位移　　　　　　　　　　　D. 直线位移和角位移

10. 为了保证数控机床满足不同的工艺要求并获得最佳切削速度，对主传动系统的要求是（　　）。

A. 能无级调速　　　　　　　　　B. 调速范围宽

C. 能分段无级调速　　　　　　　D. 调速范围宽且能无级调速

任务❹　典型案例 4

任务描述

车间现接到某企业较复杂零件（典型案例 4）的加工订单，订单数量为 1 件，零件图如图 8-7 所示。毛坯材料为 45 钢，毛坯尺寸为 80 mm × 80 mm × 20 mm。试编写其加工程序并完成加工。

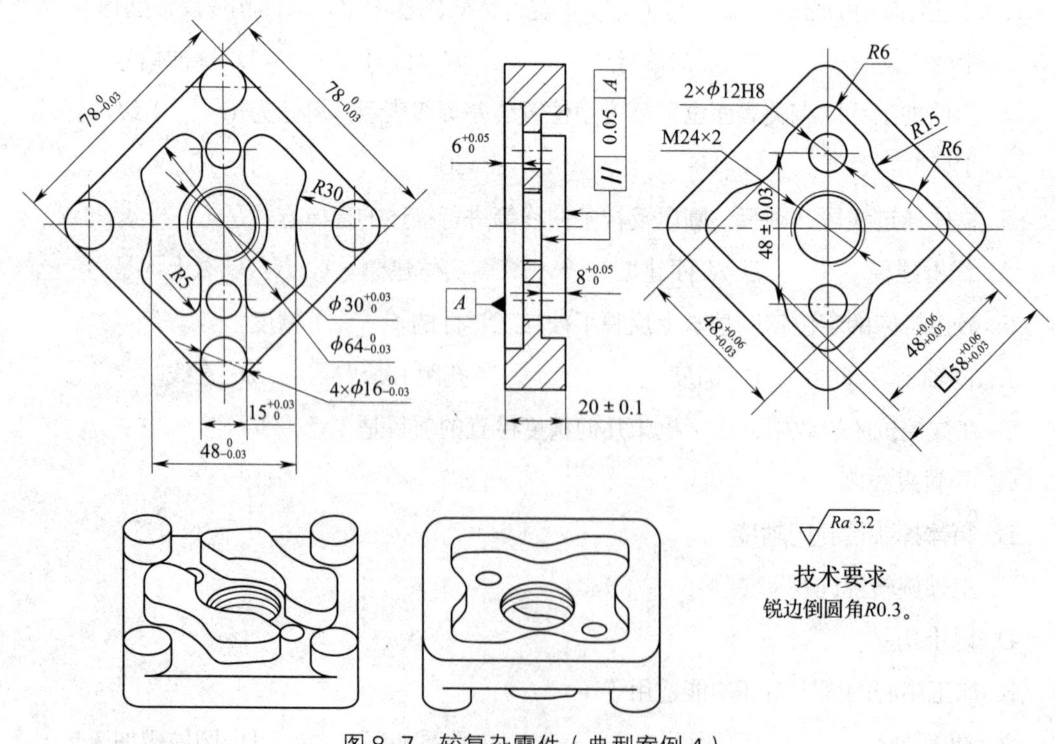

图 8-7　较复杂零件（典型案例 4）

学习活动❶ 典型案例 4 的加工工艺分析与编程

一、分析零件图，明确加工要求

1. 分析工作任务，写出本任务要加工的毛坯材料、毛坯尺寸和零件数量。

2. 分析零件图，明确加工内容（表面）及加工要求，完成表 8-25 的填写，为制定加工工艺做准备。

表 8-25 典型案例 4 的加工内容（表面）及加工要求

序号	加工内容（表面）	加工要求

3. 资料查阅，写出图 8-7 中所有尺寸的极限偏差数值。

二、制定零件加工工艺

1. 选择加工方法

根据典型案例 4 的加工要求，选择加工方法。

2. 选择夹紧方案及夹具

根据典型案例 4 的特点选择夹紧方案及夹具。

3. 选择刀具

（1）简述整体式刀具与可转位刀具的应用场合。

（2）以一款可转位刀具为例对刀具参数进行解释说明。

（3）本任务选择什么刀具进行加工？刀具材料是什么？列出刀具各参数。

4. 加工难点分析

根据典型案例 4 的加工要求和结构特点，确定零件的加工难点及解决方法（可以利用图 8-8 进行辅助说明）。

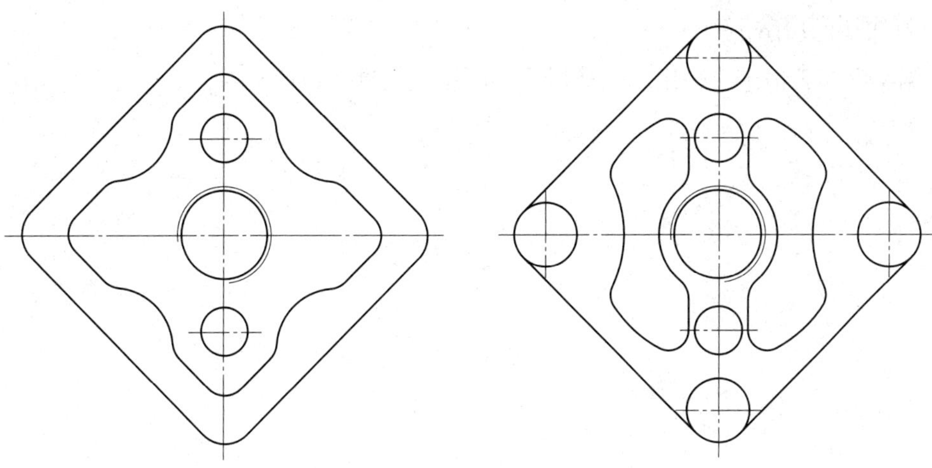

图 8-8　典型案例 4 的加工难点分析

5. 确定加工顺序

根据典型案例 4 的加工要求和结构特点，确定各表面的加工顺序，完成表 8-26 的填写。

表 8-26　典型案例 4 的加工顺序

序号	加工内容（加工表面）	刀具号	刀具名称与规格	刀具材料

6. 确定切削用量

根据实际加工情况，写出本任务所用切削用量的具体数值。

7. 填写数控加工工艺卡

完成典型案例 4 数控加工工艺卡（表 8-27）的填写。

表 8-27　典型案例 4 数控加工工艺卡

<table>
<tr><td rowspan="2">单位</td><td rowspan="2"></td><td rowspan="2">数控加工工艺卡</td><td>产品代号</td><td>零件名称</td><td>零件图号</td></tr>
<tr><td></td><td></td><td></td></tr>
<tr><td>工艺序号</td><td>程序编号</td><td>夹具名称</td><td>夹具编号</td><td>使用设备</td><td>车间</td></tr>
<tr><td></td><td></td><td></td><td></td><td></td><td></td></tr>
</table>

工序号	工序内容（加工面）	刀具号	刀具规格	主轴转速 /（r/min）	进给速度 /（mm/min）	铣削深度（背吃刀量）/mm

续表

工序号	工序内容（加工面）			刀具号	刀具规格	主轴转速 /（r/min）	进给速度 /（mm/min）	铣削深度(背吃刀量)/mm
编制		审核		批准		共__页　第__页		

三、编制数控加工程序

1. 在图 8-7 中标出编程原点，绘制 X、Y、Z 坐标轴。

2. 编制典型案例 4 的数控加工程序（表 8-28）。

表 8-28　典型案例 4 的数控加工程序

程序段号	加工程序	程序说明

学习活动❷ 典型案例 4 的加工

一、加工准备

1. 熟悉工作环境

明确机床位置及其型号，熟悉机床安全操作规程。

2. 工、量、刃具准备

根据典型案例 4 的加工需要，填写工、量、刃具清单（表 8-29），并领取工、量、刃具。

表 8-29 工、量、刃具清单

序号	名称	规格	数量	备注

3. 领取毛坯

领取毛坯并测量毛坯尺寸，判断毛坯是否有足够的加工余量。

4. 选择切削液

根据加工对象及所用刃具，领取本次加工所用切削液，写出切削液牌号。

二、加工零件

1. 完成零件加工。

2. 根据小组成员完成情况，修改、完善加工工艺。

三、保养机床、清理场地

按照 6S 管理的要求保养机床、清理场地。

学习活动❸ 典型案例 4 的加工质量检测与分析

一、明确检测要素，领取检测量具

1. 典型案例 4 有哪些关键尺寸需要检测？说明原因及检测方法。

2. 根据典型案例 4 的检测要素，领取量具并说明检测内容，填入表 8-30 中。

表 8-30 量具及检测内容

序号	量具名称及规格	检测内容

二、加工质量检测

按表 8-31 所列项目和技术要求检测加工零件，将检测结果填入检测记录栏，并根据评分标准给出得分。

表 8-31　加工质量检测

零件编号				总得分			
项目与配分		序号	技术要求	配分	评分标准	检测记录	得分
任务评分（80%）	正面轮廓	1	$78_{-0.03}^{0}$ mm	3	超差不得分		
		2	$\phi 30_{0}^{+0.03}$ mm	3	超差不得分		
		3	$\phi 64_{-0.03}^{0}$ mm	3	超差不得分		
		4	$15_{0}^{+0.03}$ mm	3	超差不得分		
		5	$48_{-0.03}^{0}$ mm	3	超差不得分		
		6	$\phi 16_{-0.03}^{0}$ mm	3	超差不得分		
		7	$8_{0}^{+0.05}$ mm	3	超差不得分		
		8	平行度 0.05 mm	3	超差不得分		
		9	（20 ± 0.1）mm	3	超差不得分		
		10	$R5$ mm	3	超差不得分		
		11	$R30$ mm	3	超差不得分		
		12	$Ra3.2$ μm	3	降级不得分		
		13	零件轮廓形状完整	3	每处错误扣 1 分		
	反面轮廓	14	$58_{+0.03}^{+0.06}$ mm	3	超差不得分		
		15	$48_{+0.03}^{+0.06}$ mm	3	超差不得分		
		16	$6_{0}^{+0.05}$ mm	3	超差不得分		
		17	$R6$ mm	3	超差不得分		
		18	$R15$ mm	3	超差不得分		
		19	$Ra3.2$ μm	3	降级不得分		
		20	零件轮廓形状完整	3	每处错误扣 1 分		
	孔	21	$\phi 12$ H8	3	超差不得分		
		22	（48 ± 0.03）mm	3	超差不得分		
		23	M24	3	超差不得分		
		24	$Ra3.2$ μm	3	降级不得分		
		25	零件轮廓形状完整	3	每处错误扣 1 分		

续表

项目与配分		序号	技术要求	配分	评分标准	检测记录	得分
任务评分（80%）	其他	26	零件按时完成	1	超时不得分		
		27	零件无过切等缺陷	2	每处缺陷扣 1 分		
		28	锐边倒圆角 *R*0.3 mm	2	每处错误扣 1 分		
程序与加工工艺（8%）		29	程序正确	4	每处错误扣 1 分		
		30	加工工艺合理	4	每处不合理扣 1 分		
机床操作（6%）		31	机床操作规范	3	每处不规范扣 1 分		
		32	工件、刀具装夹正确	3	每处错误扣 1 分		
安全文明生产（6%）		33	遵守安全生产规程	2	每处错误扣 1 分		
		34	机床维护与保养正确	2	每处错误扣 1 分		
		35	工作场所整理合格	2	不合格不得分		

三、加工质量分析

分析不合格项目的产生原因，提出改进意见，填写表 8-32。

表 8-32　加工质量分析

序号	不合格项目	产生原因	改进意见

四、量具保养与归还

对所用量具进行规范保养并归还。

五、工作总结

1. 通过典型案例 4 的数控编程与加工，你学到哪些知识与技能？试从工艺制定方面、编程方面、加工操作方面、测量方面等进行阐述。

2. 试分析和总结在本任务完成过程中获得的经验和存在的不足。

巩固与提高

一、填空题（将正确答案填写在横线上）

1. 加工过程中产生加工误差的原因有__________、__________、__________、__________。

2. 铣刀按形状分__________、__________、__________、__________等类型。

3. 加工中心与数控铣床的主要区别是____________________。

4. 程序段“N0010 G90 G00 X100.00 Y50.00 Z20.00 T01 S1000 M03；”的含义为______________________________。

5. 铣削进给速度 v_f 与铣刀齿数 z、铣刀转速 n、每齿进给量 f_z 的关系是__________。

6. 在数控铣床上精铣外轮廓时，应将刀具沿______________方向进刀和退刀。

7. 常用夹具的类型主要有标准组合夹具、通用夹具及__________等。

二、判断题（正确的打“√”，错误的打“×”）

1. 对工厂同类型零件的资料进行分析、比较，根据经验确定加工余量的方法，称为经验估算法。（　　）

2. 封闭环在加工或装配未完成前是不存在的。（　　）

3. 不完全定位与欠定位含义相同。（　　）

4. 数控机床坐标轴的重复定位误差应为各测点重复定位误差的平均值。（　　）

5. 进给量和铣削深度增大，则铣刀耐用度下降，且两者的影响程度是相同的。（　　）

6. 十进制数 131 转换成二进制数是 10000011。（　　）

7. 数控刀具应具有较高的耐用度和刚度、良好的材料热脆性、良好的断屑性能、可调、易更换等特点。（　　）

8. 陶瓷刀具适用于铝、镁、钛等合金材料的加工。（　　）

9. 用面铣刀铣平面时，铣刀刀齿参差不齐对铣出平面的平面度没有影响。（　　）

三、选择题（将正确答案的代号填入括号内）

1. 数控机床的液压系统中，液压油的密度随着压力的提高（　　）。

A. 不变　　B. 略有增加　　C. 略有减少　　D. 不确定

2. 在尺寸链中，能间接获得、间接保证的尺寸称为（　　）。

A. 增环　　B. 组成环　　C. 封闭环　　D. 减环

3. 下列几何公差符号中（　　）表示同轴度公差。

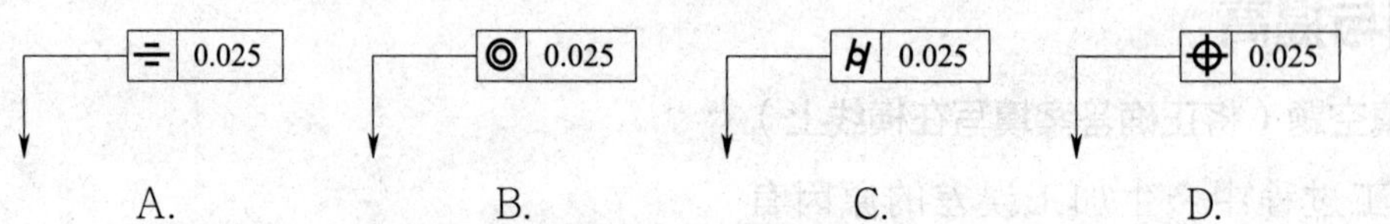

A.　　　　B.　　　　C.　　　　D.

4. 封闭环的上偏差等于各增环的上偏差（　　）各减环的下偏差之和。

A. 之差乘以　　　　B. 之和减去

C. 之和除以　　　　D. 之差除以

5. 被测要素按功能关系可分为（　　）。

A. 理想要素和实际要素　　　　B. 轮廓要素和中心要素

C. 轮廓要素和基准要素　　　　D. 单一要素和关联要素

6. 宏程序（　　）。

A. 计算错误率高　　　　B. 计算功能差，不可用于复杂零件

C. 可用于加工不规则形状的零件　　　　D. 无逻辑功能

7. 高速切削塑性金属材料时，若没采取适当的断屑措施，则易形成（　　）切屑。

A. 挤裂　　B. 崩碎　　C. 带状　　D. 短

8. 在零件毛坯加工余量不均的情况下进行加工，会引起（　　）大小的变化，从而产生误差。

A. 切削力　　B. 摩擦力　　C. 夹紧力　　D. 重力

四、简答题

试述数控加工的加工路线确定原则。

任务❺ 典型案例 5

任务描述

车间现接到某企业较复杂零件（典型案例 5）的加工订单，订单数量为 1 件，零件图如图 8-9 所示。毛坯材料为 45 钢，毛坯尺寸为 90 mm × 90 mm × 20 mm。试编写其加工程序并完成加工。

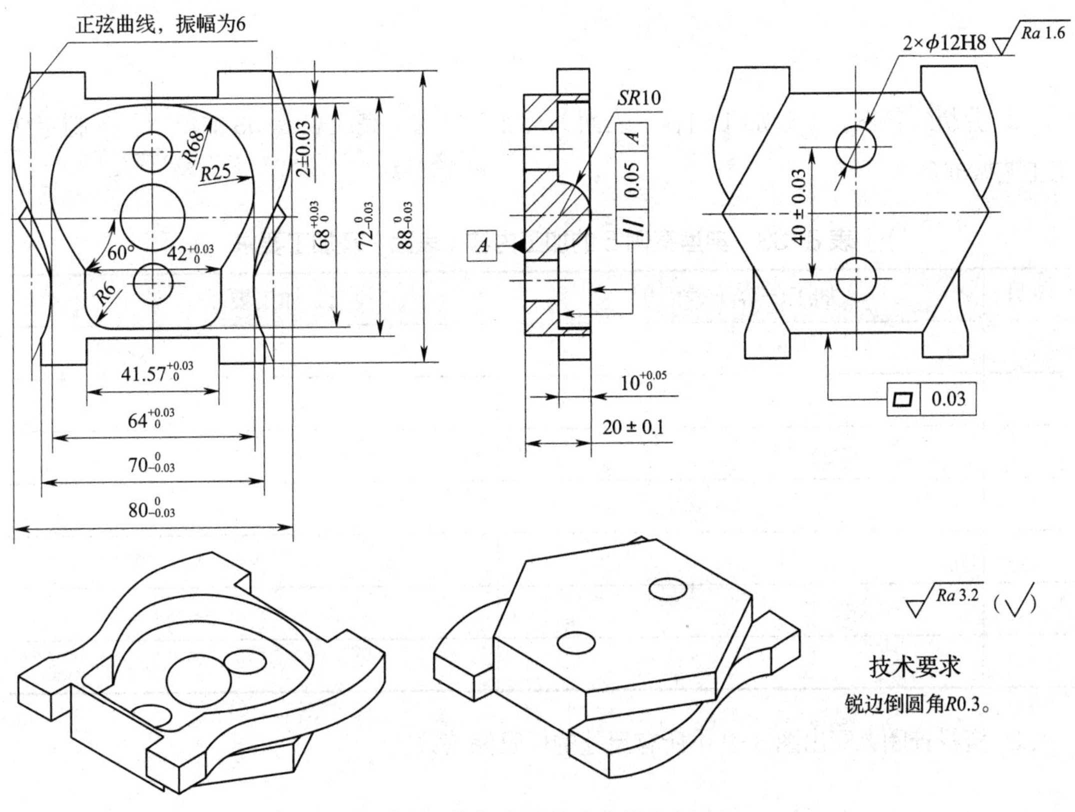

图 8-9 较复杂零件（典型案例 5）

学习活动❶　典型案例 5 的加工工艺分析与编程

一、分析零件图，明确加工要求

1. 分析工作任务，写出本任务要加工的毛坯材料、毛坯尺寸和零件数量。

2. 分析零件图，明确加工内容（表面）及加工要求，完成表 8-33 的填写，为制定加工工艺做准备。

表 8-33　典型案例 5 的加工内容（表面）及加工要求

序号	加工内容（表面）	加工要求

3. 资料查阅，写出图 8-9 中所有尺寸的极限偏差数值。

二、制定零件加工工艺

1. 选择加工方法

（1）简述高速切削的特点及应用场合。

（2）根据典型案例 5 的加工要求，选择加工方法。

2. 选择夹紧方案及夹具

根据典型案例 5 的特点选择夹紧方案及夹具。

3. 选择刀具

选择什么刀具进行加工？刀具材料是什么？列出刀具各参数。

4. 加工难点分析

根据典型案例 5 的加工要求和结构特点，确定零件的加工难点及解决方法（可以利用图 8-10 进行辅助说明）。

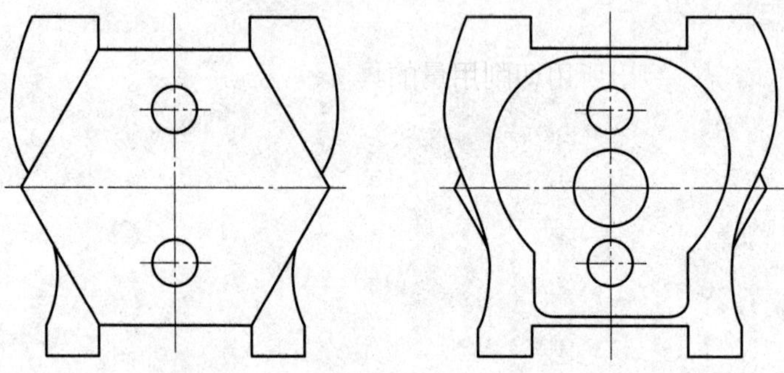

图 8-10　典型案例 5 的加工难点分析

5. 确定加工顺序

根据典型案例 5 的加工要求和结构特点，确定各表面的加工顺序，完成表 8-34 的填写。

表 8-34　典型案例 5 的加工顺序

序号	加工内容（加工表面）	刀具号	刀具名称与规格	刀具材料

6. 确定切削用量

根据实际加工情况，写出所用切削用量的具体数值。

7. 填写数控加工工艺卡

完成典型案例 5 数控加工工艺卡（表 8-35）的填写。

表 8-35 典型案例 5 数控加工工艺卡

<table>
<tr><td rowspan="2">单位</td><td rowspan="2"></td><td rowspan="2" colspan="2">数控加工工艺卡</td><td>产品代号</td><td>零件名称</td><td>零件图号</td></tr>
<tr><td></td><td></td><td></td></tr>
<tr><td colspan="2">工艺序号</td><td>程序编号</td><td>夹具名称</td><td>夹具编号</td><td>使用设备</td><td>车间</td></tr>
<tr><td colspan="2"></td><td></td><td></td><td></td><td></td><td></td></tr>
</table>

工序号	工序内容（加工面）	刀具号	刀具规格	主轴转速 /（r/min）	进给速度 /（mm/min）	铣削深度(背吃刀量)/mm

续表

工序号	工序内容（加工面）	刀具号	刀具规格	主轴转速 /（r/min）	进给速度 /（mm/min）	铣削深度（背吃刀量）/mm
编制		审核		批准		共__页 第__页

三、编制数控加工程序

1. 在图 8-9 中标出编程原点，绘制 X、Y、Z 坐标轴。

2. 编制典型案例 5 的数控加工程序（表 8-36）。

表 8-36 典型案例 5 的数控加工程序

程序段号	加工程序	程序说明

学习活动❷　典型案例 5 的加工

一、加工准备

1. 熟悉工作环境

明确机床位置及其型号，熟悉机床安全操作规程。

2. 工、量、刃具准备

根据典型案例 5 的加工需要，填写工、量、刃具清单（表 8-37），并领取工、量、刃具。

表 8-37　工、量、刃具清单

序号	名称	规格	数量	备注

3. 领取毛坯

领取毛坯并测量毛坯尺寸，判断毛坯是否有足够的加工余量。

4. 选择切削液

根据加工对象及所用刃具，领取本次加工所用切削液，写出切削液牌号。

二、加工零件

1. 完成零件加工。

2. 根据小组成员完成情况，修改、完善加工工艺。

三、保养机床、清理场地

按照 6S 管理的要求保养机床、清理场地。

学习活动❸ 典型案例 5 的加工质量检测与分析

一、明确检测要素，领取检测量具

1. 典型案例 5 有哪些关键尺寸需要检测？说明原因及检测方法。

2. 根据典型案例 5 的检测要素，领取量具并说明检测内容，填入表 8-38 中。

表 8-38　量具及检测内容

序号	量具名称及规格	检测内容

二、加工质量检测

按表 8-39 所列项目和技术要求检测加工零件，将检测结果填入检测记录栏，并根据评分标准给出得分。

表 8-39　加工质量检测

零件编号				总得分			
项目与配分		序号	技术要求	配分	评分标准	检测记录	得分
任务评分（78%）	正面轮廓	1	$88_{-0.03}^{0}$ mm	3	超差不得分		
		2	$70_{-0.03}^{0}$ mm	3	超差不得分		
		3	$72_{-0.03}^{0}$ mm	3	超差不得分		
		4	$64_{0}^{+0.03}$ mm	3	超差不得分		
		5	$68_{0}^{+0.03}$ mm	3	超差不得分		
		6	$42_{0}^{+0.03}$ mm	3	超差不得分		
		7	$41.57_{0}^{+0.03}$ mm	3	超差不得分		
		8	$10_{0}^{+0.05}$ mm	3	超差不得分		
		9	（2 ± 0.03）mm	3	超差不得分		
		10	曲线轮廓形状正确	3	每处错误扣 1 分		
		11	*SR*10 mm	3	超差不得分		
		12	平行度 0.05 mm	3	超差不得分		

续表

项目与配分		序号	技术要求	配分	评分标准	检测记录	得分
任务评分（78%）	正面轮廓	13	（20 ± 0.1）mm	3	超差不得分		
		14	60°	3	超差不得分		
		15	R68 mm	3	超差不得分		
		16	R6 mm	3	超差不得分		
		17	R25 mm	3	超差不得分		
		18	Ra3.2 μm	3	降级不得分		
		19	零件轮廓形状完整	3	每处错误扣 1 分		
	反面轮廓	20	平面度 0.03 mm	3	超差不得分		
		21	Ra3.2 μm	3	降级不得分		
		22	零件轮廓形状完整	3	每处错误扣 1 分		
	孔	23	ϕ 12H8	3	超差不得分		
		24	（40 ± 0.03）mm	3	超差不得分		
		25	Ra1.6 μm	3	降级不得分		
	其他	26	零件按时完成	1	超时不得分		
		27	零件无过切等缺陷	1	每处缺陷扣 0.5 分		
		28	锐边倒圆角 R0.3 mm	1	超差不得分		
程序与加工工艺（8%）		29	程序正确	4	每处错误扣 2 分		
		30	加工工艺合理	4	每处不合理扣 2 分		
机床操作（8%）		31	机床操作规范	4	每处不规范扣 1 分		
		32	工件、刀具装夹正确	4	每处错误扣 1 分		
安全文明生产（6%）		33	遵守安全生产规程	2	每处错误扣 1 分		
		34	机床维护与保养正确	2	每处错误扣 1 分		
		35	工作场所整理合格	1	不合格不得分		

三、加工质量分析

分析不合格项目的产生原因，提出改进意见，填写表 8-40。

表 8-40　加工质量分析

序号	不合格项目	产生原因	改进意见

四、量具保养与归还

对所用量具进行规范保养并归还。

五、工作总结

1. 通过典型案例 5 的数控编程与加工，你学到哪些知识与技能？试从工艺制定方面、编程方面、加工操作方面、测量方面等进行阐述。

____

____

____

____

____

2. 试分析和总结在本任务完成过程中获得的经验和存在的不足。

____

____

____

____

____

____

____

____

____

____

____

____

巩固与提高

一、填空题（将正确答案填写在横线上）

1. 高速切削的工艺技术包括__________和__________的选择优化，对各种不同材料的切削方法、刀具材料和刀具几何参数的选择等。

2. 高速切削的测量技术包括__________、__________和__________等技术。

3. 零件轮廓分析包括零件__________、__________、__________、技术要求的分析，零件材料、热处理等要求的分析。

4. 切削温度超过刀具材料相变温度，刀具材料的金相组织发生转变，硬度显著下降，从而使刀具迅速磨损，称为__________。

5. 高速切削时，加工中心的刀柄锥度以__________为宜。

6. 高速切削时，加工中心采用的刀柄以__________为宜。

二、判断题（正确的打“√”，错误的打“×”）

1. 非高速切削用的刀柄其柄部锥度为 7 ∶ 24，但有不同的标准，如 ISO、DIN、BT

等，只要其大小规格相同即可通用。 (　　)

2. 合格零件实际尺寸一定小于或等于其最大极限尺寸。 (　　)

3. 当程序段作为“跳转”或“程序检索”的目标位置时，程序段号不可省略。(　　)

4. 数控装置发出的一个进给脉冲所对应的机床坐标轴的位移量，称为数控机床的最小移动单位，也称为脉冲当量。 (　　)

三、选择题（将正确答案的代号填入括号内）

1. 与按键“SINGLE BLOCK”复选后有效的按键或软键是（　　）。

A. AUTO　　B. EDIT　　C. JOG　　D. HANDLE

2. 在很多数控系统中，(　　) 在手动输入过程中能自动生成，不需要操作者手动输入。

A. 程序段号　　B. 程序号　　C. G 代码　　D. M 代码

3. FANUC 系统下列程序号中，表达错误的程序号是（　　）。

A. O66　　B. O666　　C. O6666　　D. O66666

四、简答题

简述高速切削对机床结构的基本要求。